Dr. Harald Gebhardt / Andreas Ness

Fische

Die heimischen Süßwasserfische sowie
Arten der Nord- und Ostsee

blv

Die Deutsche Bibliothek –
CIP-Einheitsaufnahme

Fische : die heimischen Süßwasserfische sowie Arten der Nord- und Ostsee / Harald Gebhardt; Andreas Ness. – 5.d. Aufl. – München;Wien; Zürich; BLV, 2000
(BLV Naturführer)
ISBN 3-405-15106-6
NE: Gebhardt, Harald; Ness, Andreas; GT

BLV Verlagsgesellschaft mbH
München Wien Zürich
80797 München

5., durchgesehene Auflage

BLV Naturführer

Gedruckt auf chlorfrei gebleichtem Papier

Lektorat: Dr. Friedrich Kögel
Herstellung: Hermann Maxant

Umschlagentwurf: Studio Schübel, München

Satz und Druck: Appl, Wemding
Bindung: Auer, Donauwörth

Printed in Germany · ISBN 3-405-15101-6

Bildnachweis

Adam/Marthaler: 25 u
Beck: 19 ur, 27 M, 27 u, 29 o, 29 u, 31 o, 33 u, 37 o, 37 M, 43 o, 47 o, 49 u, 51 o, 55 u, 57 o, 57 u, 61 u, 67 o, 67 u, 75 u, 79 u, 85 u, 101 o
Berg: 61 o, 93 u
Freihen: 101 u
Gebhardt: 87 o
Hansen: 105 u, 115 u
Hay: 23 o, 23 u
Kinzer: 27 o, 95 u, 109 o, 125 o
Kölbing: 31 u
König: 97 o, 97 u, 105 o, 109 M, 109 u, 111 u, 113 o, 113 u, 117 u, 119 o, 123 u, 125 u
Ness: 63 u
Paysan: 21 u, 59 u, 69 o, 71 o, 77 u, 95 o, 99 o, 103 u, 107, 115 o, 117 o, 119 u, 121 o, 123 o
Quedens: 103 o, 121 u
Reinhard: 19 ul, 21 o, 33 o, 35 o, 39 o, 41 o, 43 u, 45 o, 47 u, 53 o, 53 u, 55 o, 59 o, 63 o, 65 o, 65 u, 69 u, 75 o, 77 o, 87 u, 89 o, 91 o, 91 u, 93 o
Reinhard/Angermayer: 19 o, 25 o, 35 u, 41 u, 51 u, 65 M
Sauer: 99 u
Vilciuskas: 111 o
Zeininger: 2/3, 29 M, 37 u, 39 u, 45 u, 49 o, 67 M, 71 u, 73 o, 73 u, 79 o, 81 o, 81 u, 83 o, 83 u, 85 o
Ziesler/Angermayer: 89 u

Fotos auf dem Umschlag:
Zeininger (Zander, Vorderseite);
König (Seehase, Rückseite)

Grafiken: Barbara von Damnitz (außer S. 6, S. 10 oben, S. 106, S. 120, S. 122); S. 6 und S. 10 oben: Hellmut Hoffmann; S. 106, S. 120 und S. 122: Marlene Gemke

Einführung

Die Fische sind die ältesten fossil nachweisbaren Wirbeltiere. Mit den kieferlosen und von einem ausgedehnten Knochen- und Schuppenpanzer bedeckten Urpanzerfischen (Ostracodermi) waren sie bereits im Devon und Silur vor 320–400 Millionen Jahren vertreten. Diese Urpanzerfische gelten als Vorfahren der »echten« Fische. Von den ehemals 4 auf unserer Erde vorkommenden Klassen der »echten« Fische sind heute noch 2, die Knorpelfische (Chondrichthyes) und die Knochenfische (Osteichthyes), verbreitet. Die Knorpelfische (Haie, Rochen, Chimären) und die Knochenfische kommen heute mit rund 25 000 Arten weltweit vor, von denen etwa 5000 im Süßwasser leben. Die europäischen Binnengewässer bewohnen etwa 197 Arten, darunter die nicht zu den »echten« Fischen zählenden Neunaugen (Kieferlose, Agnatha; Klasse Rundmäuler, Cyclostomata) mit 7–11 Arten. Hier ist die Artabgrenzung nicht genügend geklärt.

Körperbau

Fische können definiert werden als wechselwarme, primär wasserlebende Wirbeltiere, die als Erwachsene Kiemenatmung aufweisen.
Der Fischkörper, der in Kopf, Rumpf und Schwanz untergliedert ist (s. Grafik S. 6) kann in Anpassung an die verschiedenen Lebensräume recht unterschiedlich geformt sein. Die Spindel- oder Torpedoform findet man bei Fischarten, die in schnell fließenden Gewässern (z. B. Forellen, Lachs) oder im Freiwasser von Seen (z. B. Renken) und des Meeres (z. B. Hering, Makrele, Hundshai) leben. Alle diese Arten sind sehr gewandte und schnelle Schwimmer.
Fische, die in langsam fließenden oder stehenden Gewässern leben, weisen, soweit sie nicht im Freiwasser vorkommen, in der Regel eine hochrückige Gestalt oder Scheibenform auf, wie z. B. Brachsen, Güster, Rotfeder im Süßwasser sowie Wimpelfisch, Pinzettfisch und andere Korallenfische im Meer.
Bei den bodenlebenden Plattfischen (u. a. Scholle, Flunder, Seezunge) wird im Laufe der Entwicklung vom Jung- zum Alttier der zuerst symmetrische und beiderseits gleichgefärbte Körper höher und flacher. Die Fische schwimmen schließlich auf der Seite und suchen bald den Boden auf, mit der linken bzw. rechten Körperseite aufliegend (je nach Art verschieden). Das dem Boden zugewandte Auge wandert auf die nach oben gekehrte Seite. Während sich die Unterseite weißlich färbt, variiert die Oberseite in ihrer Färbung je nach Farbton, Helligkeit und Struktur der Umgebung.
Es gibt weitere Bodenformen unter den Fischen, die einen bauchseits abgeflachten Körper besitzen in Anpassung an ihre spezielle Lebensweise. Die in schnell fließenden Gewässern lebende Gruppe vermag so der Strömung ohne übermäßigen Energieaufwand standzuhalten. Daneben gibt es auch Bodenfische

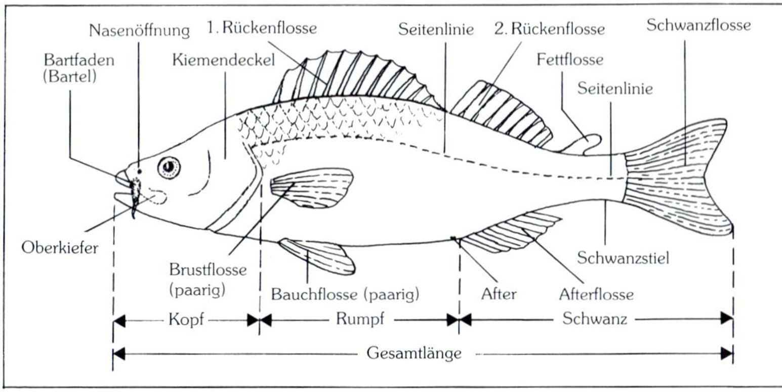

Fisch (schematisch).

(Aal, Neunauge, Meeraal), die eine Schlangenform besitzen und im Gegensatz zu manch anderen bodenbewohnenden Fischarten gewandte Schwimmer sind.
Die Pfeilform findet man bei Fischen (u. a. Hecht, Barracuda), die als sogenannte Stoßjäger aus einer Lauerstellung auf die Beute vorstoßen. Durch ihre Gestalt (spitze Schnauze, langgestreckter Körper, nach hinten verschobene Rückenflosse) vermögen sie kurzzeitig hohe Geschwindigkeiten zu erreichen, wodurch sie ihrer Beute überlegen sind. Darüber hinaus existieren eine Vielzahl von Übergangsformen unter den Fischen, die in ihrer Gestalt von den genannten Grundtypen mehr oder weniger abweichen.
Zu den die Gestalt der Fische charakterisierenden Merkmalen zählen die Flossen. Neben den paarigen Brust- und Bauchflossen besitzen sie unpaare Rücken-, Schwanz- und Afterflossen oder Flossensäume (u. a. Aal, Neunaugen, Seezungen). Während die paarigen Flossen von den meisten Fischen als Steuer- und Manövrierorgane eingesetzt werden, dienen die unpaaren Flossen der Stabilisation (Rücken- und Afterflosse) sowie zum Steuern und zur Fortbewegung (Schwanzflosse).
Bei manchen Fischarten dienen saumförmig ausgeprägte Flossen, die wellenartig bewegt werden, der Fortbewegung (Messerfisch, Plattfische). Bei anderen Arten können einzelne Flossen entsprechend ihrer Funktion speziell ausgebildet sein. So fungieren die Brustflossen bei den Knurrhähnen als Tast- bzw. Schreitorgane, bei den Grundeln sind sie zu Saugscheiben umgeformt. Letzteren ist es dadurch möglich, am Boden festgesaugt, starker Strömung zu widerstehen. Haie und Rochen besitzen Bauchflossen, die zu Begattungsorganen umgestaltet sind. Dagegen bildet bei den Männchen der lebendgebährenden Zahnkarpfen (u. a. Koboldkärpfling, Guppy) die umgewandelte Afterflosse das Begattungsorgan. Lachsfische, Salmler und einige Vertreter der Welse tragen zusätzlich eine Fettflosse hinter der Rückenflosse. Zwei Rückenflossen findet man u. a. bei Quappe, Groppe und Barschfischen. Makre-

len und Thunfische haben sogenannte Flössel (kleine Flossenbildungen) zwischen Rücken- bzw. Afterflosse und Schwanzflosse.
Je nach Lage der Ansatzstelle der Bauchflossen unterscheidet man eine bauchständige Beflossung (Forellen), eine brustständige (Zander, Flußbarsch, Kaulbarsch, Groppe) und eine kehlständige Beflossung (Quappe). Während bei den Rundmäulern nur weiche Knorpelstrahlen die Flossensäume stützen, weisen Knochenfische ungegliederte Hartstrahlen sowie Weichstrahlen auf. Letztere können ungefiedert oder gefiedert sein.
Die aus Ober- und Lederhaut bestehende Haut der Fische erfüllt verschiedene Funktionen. Neben dem Schutz gegenüber Bakterien, Pilzen, Hautparasiten und Schadstoffen dient sie auch der Abgabe und der Aufnahme von Stoffen. Zudem wird durch die Abgabe von Schleim aus in der Haut eingebetteten Schleimzellen der Reibungswiderstand beim Schwimmen vermindert. In der Haut

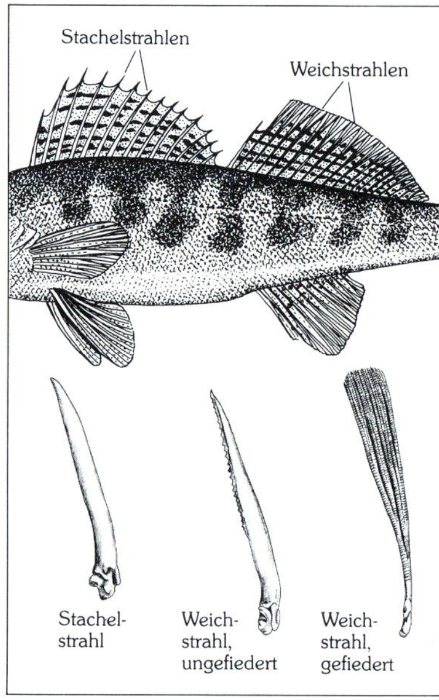

Rückenflossen des Zanders.

Schnitt durch die Fischhaut (nach LAGLER 1977).

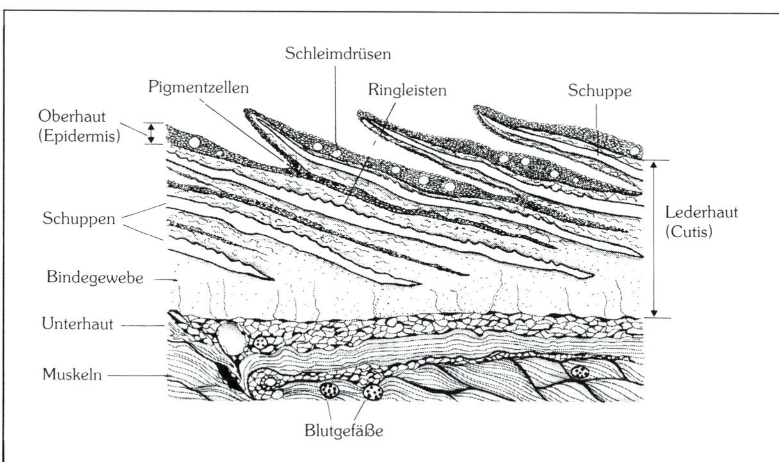

Verschiedene Schuppentypen.

sitzen weitere Strukturen, die der Abgabe von Schreck- und Giftstoffen dienen; andere sind bezüglich Färbung sowie Sinnesfunktionen (Tast-, Geruchs-, Geschmacks- und Temperatursinn) von Bedeutung. Der überwiegend bei den Männchen auftretende Laichausschlag ist eine spezielle Ausbildung der Oberhaut. Zur Laichzeit bedeckt er grieskornartig Teile des Kopfes und des Vorderkörpers u. a. bei Cypriniden und Coregonen.

Auch die Schuppen werden in der Haut (Lederhaut) gebildet. Man unterscheidet: Placoidschuppen der Haie und Rochen, die aus einer knöchernen Basalplatte mit einem nach hinten gerichteten und von einer Schmelzschicht (Oberhaut) überzogenen Zahn bestehen. Die Haut dieser Fische fühlt sich deshalb rauh an. Ganoidschuppen findet man beim Kaimanfisch und beim Flösselhecht. Dieser Schuppentyp setzt sich aus einer rhombischen Platte aus geschichtetem Knochen und einem schmelzähnlichen Ganoinüberzug zusammen. Die Schuppen der Störe leiten sich von Ganoidschuppen ab. Elasmoidschuppen bestehen aus feinen Knochenplättchen. Es werden Rundschuppen (Cycloidschuppen) und Kammschuppen (Ctenoidschuppen) unterschieden, die konzentrische Zuwachsstreifen aufweisen. Nur die Barschfische besitzen Kammschuppen, bei den meisten einheimischen Fischarten kommen Rundschuppen vor. Manche Fische sind schuppenlos (u. a. Makrele, Thunfisch, Wels, Groppe) bzw. tragen statt der Schuppen Knochenplatten oder -schilder (z. B. Knurrhähne, Seenadel, Seepferdchen, Stichlinge, Panzerwelse).

Die Färbung der einzelnen Fischarten besitzt als Erkennungs- und Warnzeichen sowie für die Tarnung große Bedeutung. In der Regel weisen die Fische eine weißlich bis silberglänzende Unterseite und eine dunkelgefärbte Oberseite auf. Dadurch heben sie sich von unten betrachtet kaum von der hellen Wasseroberfläche bzw. von oben gesehen nur undeutlich vom dunkleren Gewässergrund ab. Für die Färbung sind in der Haut sitzende Farbzellen

(Chromatophoren) und Glanzzellen (Iridozyten) verantwortlich.
Bei den Chromatophoren handelt es sich um stern- bis rosettenförmige Zellen, die astartig verzweigte Fortsätze aufweisen. Diese Zellen enthalten Farbstoffe in Form von kleinen Farbkörnern oder Fetttröpfchen. Es können schwarze (Melanophoren), gelbe (Xanthophoren), rote (Erythrophoren) und kristallgefüllte, reflektierende Farbzellen (Guanophoren) unterschieden werden. Durch eine nervös gesteuerte Ausdehnung oder Zusammenballung der Farbstoffe in den Chromatophoren entstehen auch die unterschiedlichen Zwischenfarbtöne.
Die bereits genannten Iridozyten bewirken mittels eingelagerter, verlängerter Guaninkristalle durch Reflektion des Lichtes den Silberglanz und schillernde, regenbogenartige Farben bei den Fischen. Speziell zur Laichzeit tritt bei einer Vielzahl von Fischarten eine intensivere Färbung auf. Schließlich weisen viele Tiefseefische auch Leuchtorgane auf. Letztere sind drüsenartige Zellverbände, in denen der Leuchtstoff Luciferin gebildet wird.
Ein wichtiges Bestimmungsmerkmal der Fische ist die Stellung der Mundöffnung. Sie kann oberständig sein (Unterkiefer länger als Oberkiefer: Rotfeder, Moderlieschen, Hecht), unterständig (Oberkiefer länger als Unterkiefer: Nase, Barbe) oder endständig (beide Kiefer gleichlang: Forelle, Rotauge, Döbel). Hierbei ist die entsprechende Mundform eine Anpassung an den Nahrungserwerb und an das Leben im Gewässer. Fischarten mit oberständigem Maul weisen eine eher zur Wasseroberfläche gerichtete Lebensweise und Nahrungsaufnahme auf. Arten mit unterständigem Maul dagegen sind meist bodenorientiert.

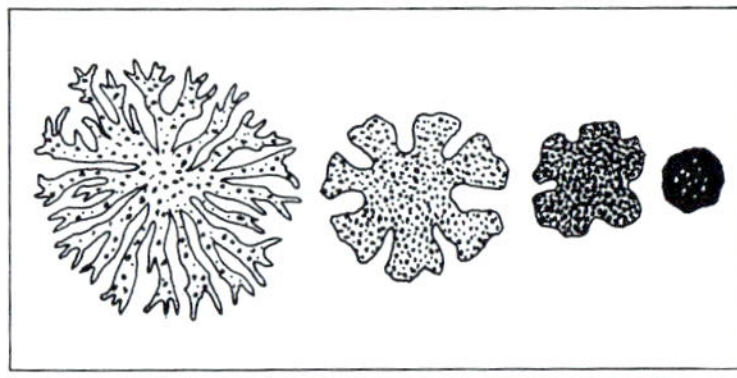

Wechsel der Farbtöne bei Farbzellen durch Ausdehnung oder Zusammenziehen der Farbstoffe.

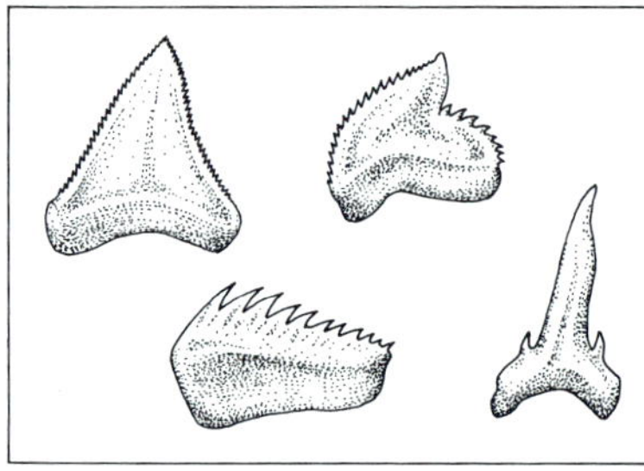

Zähne verschiedener Haiarten.

Die Bezahnung der Kiefer sowie des Mundraumes ist oft arttypisch und hängt mit der Beschaffenheit der Nahrung zusammen. Rundmäuler besitzen keine echten Zähne sondern Hornzähne und Hornplatten. Bei den Stören sind die Zähne nur noch embryonal angelegt. Die echten Zähne der Haie (es sind umgebildete Placoidschuppen) stehen ausschließlich auf den Kiefern. Dagegen können sie bei den Knochenfischen neben den Kiefern auch auf Zungen-, Gaumen- und Pflugscharbein vorkommen. Während räuberisch lebende Fischarten (u. a. Haie, Barracudas, Piranhas, Barschartige, Hechte) oft eine Vielzahl gut ausgebildeter Zähne auf Ober- und Unterkiefer besitzen, findet man bei den

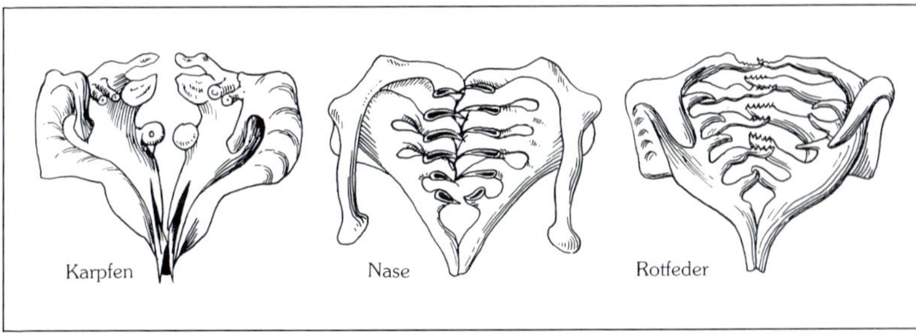

Schlundknochen verschiedener Karpfenfische.

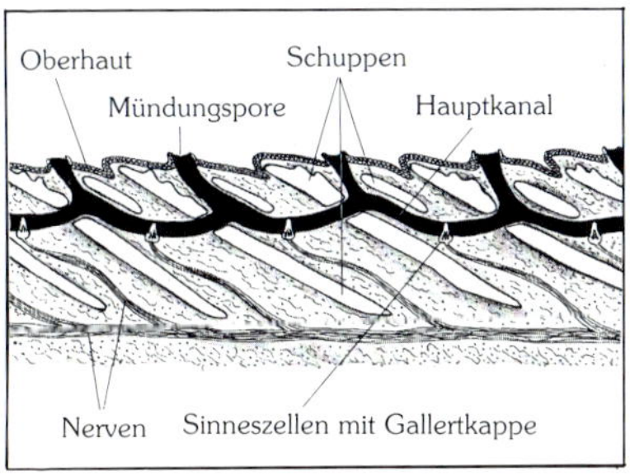

Seitenlinienorgan eines Fisches im schematischen Längsschnitt.

Bartfäden (Barteln) bei Quappe (oben) und Barbe (unten).

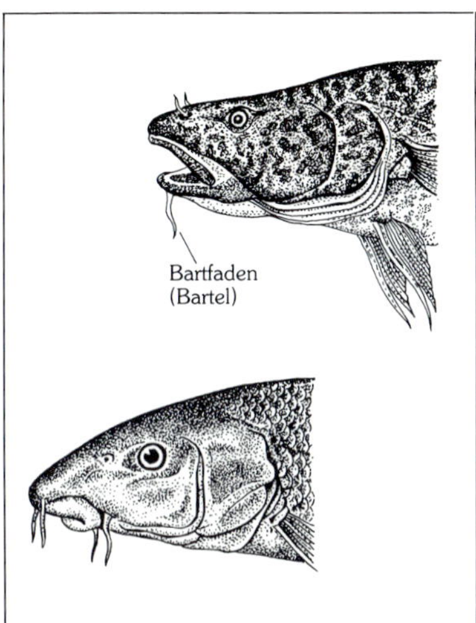

Karpfenfischen an Stelle echter Zähne sog. Schlundzähne. Hierbei handelt es sich um zahnähnliche Gebilde, die im Verein mit einer gegenüberliegenden Kauplatte ein Zermahlen der Nahrung ermöglichen. Da die Schlundzähne arttypisch sind, können sie als Bestimmungsmerkmale herangezogen werden.

Neben Sinnesorganen, die zur Aufnahme von Licht-, Schall-, Geruchs-, Geschmacks-, Berührungs- und Temperaturreizen dienen, besitzen Fische mit dem sog. Seitenliniensystem ein »Ferntastorgan«. Dieses ist meist an einer Reihe von Poren am Kopf oder in einer längsverlaufenden Reihe von durchbrochenen Schuppen auf den Flanken erkennbar. Es besteht aus zu Sinneshügeln zusammengeschlossenen Sinneszellen. Diese sitzen entweder frei an der Körperoberfläche oder in Kanälen unter der Haut. Mit Hilfe des Seitenlinienorganes ist es den Fischen möglich, Wasserströmungen, Hindernisse, Ufer- und Bodennähe sowie andere Fische wahrzunehmen.

Im Gegensatz zu diesem »Ferntastorgan« besitzen manche Fischarten weitere, spezielle Tastorgane, die Barteln. Vor allem bei bodenlebenden Fischarten ausgebildet und in der Mundregion sitzend, erleichtern sie das kombinierte Ertasten und Schmecken der Nahrung.

Ökologie

Fische besiedeln mit Ausnahme weniger Extrembiotope, wie unterirdische Höhlengewässer, regelmäßig trockenfallende Kleingewässer, alle in Mitteleuropa vorkommenden Gewässertypen. Grob unterscheidet man zwischen Süßwasserlebensräumen im Binnenland und Salzwasserlebensräumen im Meer. Die Süßgewässer gliedern sich in fließende und stehende Gewässer.

Fließgewässer Der prägende abiotische (nichtbiologische) Faktor dieses Gewässertyps stellt, wie der Name schon sagt, die Fließgeschwindigkeit dar. Sie ist stark vom Gefälle, dem Querschnitt sowie der Sohlrauhigkeit der Gewässer abhängig. Nach der Gewässergröße unterscheidet man grob in Rinnsale, Bäche, Flüsse und Ströme. Künstlich angelegte Fließgewässer werden als Gräben oder Kanäle bezeichnet.

Von der Quelle eines Baches über die Entwicklung vom Fluß zum Strom verändern sich wichtige abiotische Faktoren, wie Fließgeschwindigkeit, Gewässerbreite, Gewässertiefe, Sediment, Temperatur, Trübung, Beschattung und Sauerstoffgehalt entsprechend dem auf S. 12 dargestellten Schema in charakteristischer Art und Weise. Aufgrund typischer Kombinationen dieser Faktoren werden selbst in geographisch unterschiedlichen Gebieten gleichartige Gewässerabschnitte von ähnlichen Fischartengemeinschaften besiedelt. Nach den Leitarten dieser Lebensgemeinschaften unterscheidet man Forellen-, Äschen-, Barben-, Brachsen- und Kaulbarsch-Flunder-Region.

Stehende Gewässer Die große Vielfalt der natürlichen stehenden Gewässer reicht von kleinen, periodisch austrocknenden Tümpeln über Weiher zu großen Seen. Künstlich angelegte Stillgewässer werden als Teiche, Stau- oder Baggerseen bezeichnet. Wie auch die Fließgewässerregionen werden die fischereilich nutzbaren größeren Stillgewässertypen nach charakteristischen Leitfischarten benannt.

Kalte Gebirgs- und Hochgebirgsseen bis 2800 m werden als Forellen-Saibling-Seen bezeichnet. Steile Ufer und nährstoffarmes, klares Wasser zeichnen diesen Typ aus, in dem neben den Leitarten auch Elritzen und Groppen vorkommen.

Tiefe (über 100 m) und größere Seen in bis max. 1000 m Höhe mit steilen Ufern werden als Felchen-(Coregonen)-Seen bezeichnet. Bodensee und Chiemsee sind bekannte Vertreter dieses nährstoffarmen Typs, in dem neben den Leitfischarten eine Vielzahl anderer Fische leben. Dem Felchen-See entsprach früher der flachere (bis 65 m Tiefe) norddeutsche Maränen-See. Durch Nährstoffeinträge entwickeln sich diese Gewässer in Richtung der Brachsen-Seen. Diese zeichnen sich durch breite Schilfgürtel, getrübtes Wasser und dicke Schlammschichten am Gewässergrund aus.

Die klaren, warmen Hecht-Schleien-Seen sind mit durchschnittlich 5 m Wassertiefe relativ flach und besonders durch ein ausgesprochen üppiges Wachstum von Wasserpflanzen charakterisiert.

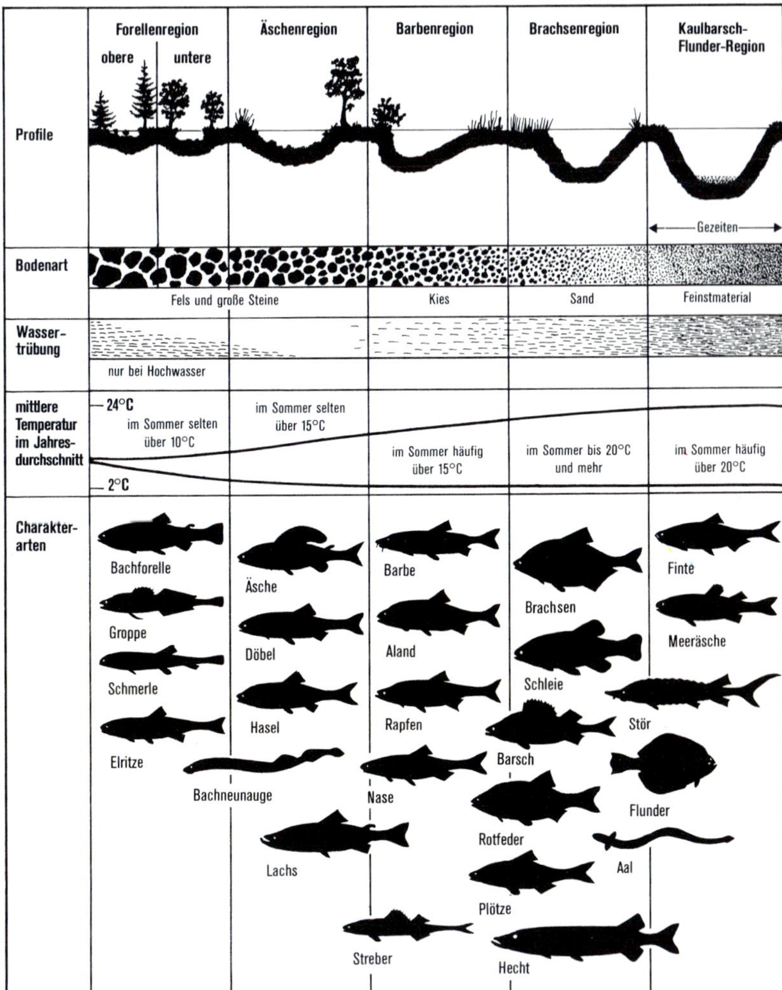

Ökologische Zonierung eines Fließgewässers mit den charakteristischen Fischarten.

Salzwasser Den Übergang zwischen Süß- und Meerwasser bildet die Brackwasserzone im Gezeitenbereich der Flußmündungen. Hier ist die Fischartenzahl im Vergleich zu reinem Süß- oder Salzwasser gering, da nur wenige gegen starke Schwankungen des Salzgehaltes resistente (euhalyne) Arten, wie z. B. Stichling, Aal, Stint, Flunder und Flußneunauge mit den dortigen Bedingungen zurechtkommen. In Strandnähe le-

ben in Gezeitentümpeln äußerst robuste Arten, wie z. B. Steinpicker, Seestichling und der Strandkühling. Sie schützen sich auf unterschiedliche Weise gegen das zeitweilige Trockenfallen und die Aussüßung ihrer Wohngewässer. Auch die Fischfauna der Ostsee ist von Salzgehaltsschwankungen betroffen, da der Süßwassereintrag über die Flüsse größer als der Salzwasserzufluß aus der Nordsee über den Öresund ist.
Grundsätzlich unterscheidet man zwei Lebensformen unter den marinen Fischarten. Die freischwimmenden Arten (pelagisch) sowie die am Grund lebenden Bodenfischarten (benthisch).
Zusätzlich kann eine Gliederung der Fischlebensgemeinschaften in verschiedene Tiefenstufen erfolgen. Epipelagische Arten leben zwischen 0–200 m; hierzu gehören z. B. Sardine und Makrele. Typisch mesopelagische- (200–1000 m) und bathypelagische Arten (tiefer als 1000 m) werden in diesem Buch nicht behandelt, da die entsprechenden Tiefenstufen in Nord- und Ostsee sehr selten sind.
Die bodenlebenden Arten werden in die überwiegend über dem Boden schwimmenden (benthopelagische, z. B. Katzenhaie) und die unmittelbar auf dem Boden lebenden Arten (benthische, z. B. Flunder, Steinbutt) untergliedert.

Fortpflanzung

Bei der Fortpflanzung der Fische werden zwei unterschiedliche Strategien beobachtet. Häufig sind sogenannte r-Strategen (z. B. Karpfen, Döbel, Felchen), die durch eine hohe Zahl kleiner Eier, schnelle Entwicklung der Jungtiere und frühzeitigen Eintritt der Geschlechtsreife eine effektive Besiedlung geeigneter Lebensräume erreichen. Besonders in Bereichen sich schnell ändernder Umweltbedingungen, wie z. B. im Süßwasser, sind diese Arten oft gut angepaßt.
Typische K-Strategen dagegen, wie z. B. Rochen, legen wenige, aber große Eier mit langer Entwicklungszeit. Einige Arten, wie z. B. der Dornhai, bringen nach 22-monatiger Tragzeit maximal 8 lebende Junge zur Welt. In einer Umwelt mit relativ konstanten Bedingungen und hohen Artenzahlen sind diese Arten im Vorteil. Zwischen den beiden Extremen bestehen Übergänge, die eine eindeutige Zuordnung in vielen Fällen unmöglich machen.
Eine Gliederung der Fortpflanzungstypen ist durch die Art der Eiablage möglich. Man unterscheidet Freiwasserlaicher, deren Eier sich im Wasser schwebend entwickeln, wie z. B. Quappe und Dorsch, sowie Substratlaicher. Innerhalb der letztgenannten Gruppe wurden viele unterschiedliche Formen entwickelt. In Fließgewässern ist besonders die Gliederung in Kieslaicher (z. B. Forelle, Äsche, Barbe) und Krautlaicher (z. B. Rotfeder, Güster) von Bedeutung. Spezielle Laichtechniken haben z. B. die Bitterlinge (s. dort) entwickelt.

Wanderungen

Neben Arten wie Elritze, Bachforelle und Schmerle, die zeitlebens am gleichen Ort bleiben (stationäre Arten), gibt es die Gruppe der Wanderfische. Auch hier werden zwei

Grundtypen unterschieden. Bei den sogenannten katadromen Arten, wie z. B. Aal, wandern die Erwachsenen Tiere aus dem Süßwasser ab und begeben sich auf lange Wanderungen ins Meer, um in der Sargassosee abzulaichen. Die pelagischen Larven werden durch den Golfstrom in Richtung Europa vertriftet, wo sie in die Flüsse aufsteigen.

Die anadromen Fischarten, wie z. B. Lachs, Maifisch und Meerneunauge, leben als Erwachsene im Meer. Zur Laichzeit steigen sie die Flüsse hinauf, um zu den Laichplätzen zu gelangen. Besonders die Wanderungen der anadromen Arten werden durch künstliche Wanderhindernisse, wie Staustufen und Wehre, oder natürliche, wie der Rheinfall bei Schaffhausen, behindert.

Auch einige Meeresfische, wie z. B. Sardinen oder Dorsche, unternehmen ausgeprägte Wanderungen. Diese hängen oft mit der Suche nach geeigneten Nahrungsplätzen oder auch mit der Laichplatzsuche zusammen. Wanderungen, die der Nahrungssuche dienen, haben eine charakteristische Jahresperiodik. Oft folgen den Wanderschwärmen planktonfressender pelagischer Arten, wie z. B. Sardine, die entsprechenden räuberischen Arten wie Dorsch und die Fischereiflotten. Viele Wanderfische verbrauchen bei den ausgeprägten Laichwanderungen alle Energiereserven und sterben nach dem Laichvorgang.

Nahrung

Auf die unterschiedlichen Maulstellungen (ober-, end- und unterständig) sowie ihre Bedeutung für die Interpretation der Ernährungsweise wurde bereits hingewiesen. Gliedert man die Fischfauna nach der Art der bevorzugten Nahrung, so stellt man fest, daß es in Mitteleuropa natürlicherweise keine ausschließlich pflanzenfressenden Fischarten gibt. Nur die Rotfeder ernährt sich wenigstens zeitweilig überwiegend von Wasserpflanzen. Bodenlebende Insektenlarven, Kleinkrebse, Würmer und Schnecken werden jedoch nicht verschmäht.

In den letzten Jahrzehnten wurden aus Asien stammende Pflanzenfresser (sog. »Grasfische«) in mitteleuropäische Gewässer eingesetzt, um durch Eutrophierung verstärktes Wasserpflanzenwachstum zu regulieren. Obwohl sich diese Arten in Mitteleuropa nicht vermehren, führt ihr Besatz zu verheerenden Zerstörungen der Wasserpflanzengesellschaften. Mit den zum Teil gefährdeten und geschützten Wasserpflanzenbeständen verschwinden zugleich geeignete Deckungs- und Lauermöglichkeiten für Hechte sowie Laichplätze anderer Fischarten.

Der größte Teil der mitteleuropäischen Fischarten ernährt sich von wirbellosen Kleintieren. Einige Arten, wie z. B. Gründling, Steinbeißer und Schmerle, suchen den Gewässergrund ab und nehmen aus dem Sediment Würmer, Insektenlarven, Kleinkrebse und Schnecken auf. Zu dieser Gruppe kann man auch die Nase zählen, die mit ihren Hornlippen Aufwuchs von Steinen abweidet und dadurch neben Algen auch viele Wasserinsekten verschlingt. Andere Arten, wie Ukelei oder Moderlieschen, bevorzugen die Nahrungsaufnahme von der Gewässeroberfläche. Hier erbeuten sie überwiegend land-

lebende Fluginsekten, die irrtümlich auf die Wasseroberfläche gelangten. Arten, die das Freiwasser besiedeln, wie Felchen im Süßwasser oder Heringe im Meer, ernähren sich von Zooplankton. Im Winter bei einer geringen Zooplanktondichte gehen diese Arten entweder zu einer anderen Ernährungsweise über oder sie stellen die Nahrungsaufnahme ein.
Obwohl sich auch die Gruppe der Kleintierfresser räuberisch ernährt, versteht man unter den Raubfischen ausschließlich Arten wie Hecht, Zander und Huchen, welche sich überwiegend von anderen Fischen ernähren. Das Verhältnis von sog. Friedfischen zu Raubfischen ist ein wichtiger Indikator zur Beurteilung von Fischgewässern.
Neben diesen Hauptformen der Ernährung haben einige Arten, wie z. B. die nicht zu den echten Fischen gehörenden Neunaugen, besondere Ernährungsformen entwickelt. Ihre Larven, die Querder, filtrieren das Wasser nach Nahrungsteilchen. Die Erwachsenen einiger Neunaugenarten ernähren sich parasitisch, indem sie sich mit dem von spitzen Zähnen besetzten Maul an Fischen festsaugen.

Fischschwärme

Neben typischen Einzelgängern unter den Fischarten, wie Wels oder Hecht, bilden viele Arten ausgeprägte Schwärme. Bei Süßwasserarten können diese Schwärme 10 bis einige 100 Exemplare umfassen (Strömer, Felchen, Ukelei). Im Meer werden von Hering und von Sardine Schwärme mit bis zu einigen Millionen Individuen gebildet. Der biologische Sinn dieser sowie der Jungfisch- und Laichschwärme ist unter anderem in der Reduzierung des Räuberdrucks auf die Einzelindividuen zu suchen.

Gefährdung

Seit Jahrtausenden formt und prägt der Mensch die Landschaften und Gewässer Mitteleuropas. Mühlstaus, Holzflößerei und Fischerei beeinflußten bis zum Mittelalter nur lokal die Fischfauna. Seit 1850 stieg die Zahl der unterschiedlichen Nutzungsansprüche und Belastungsfaktoren infolge der zunehmenden Bevölkerungsdichte und fortschreitenden Industrialisierung exponentiell an. Die mit der allgemeinen Intensivierung der Landwirtschaft einhergehenden Prozesse führten ebenfalls zu erheblichen Veränderungen der Gewässer und damit der Fischfauna.
Die Gefährdung der Fische und ihres aquatischen Lebensraums belegt die »Rote Liste« der gefährdeten Tiere der Bundesrepublik Deutschland. In der Ausgabe von 1994 wurden 72 % der in der Bundesrepublik vorkommenden Süßwasserarten auf dieser Liste geführt. Je nach Bedrohungssituation werden die Arten in fünf Klassen (ausgestorben oder verschollen, vom Aussterben bedroht, stark gefährdet, gefährdet, potentiell gefährdet) eingeteilt.
In diesem Naturführer wird der »Rote-Liste-Grad« am Rand neben den Artbeschreibungen angegeben. In Fällen, wo der offizielle »Rote-Liste-Grad« von der Einschätzung der Autoren abweicht, erfolgt eine Erläuterung der Gefährdungssituation am Ende des Abschnittes zur Biologie

der entsprechenden Artbeschreibung. Für Meeresfische der Nord- und Ostsee liegt seit 1994 erstmals eine »Rote Liste« vor, die aber aufgrund unzureichender Kenntnisse Lücken aufweist.
Anhand von Beispielen soll die Wirkung der drei schwerwiegendsten Belastungsfaktoren auf die Fische erläutert werden.

Stauanlagen und Wanderhindernisse Unter vom Menschen nicht beeinflußten Bedingungen sind Fließgewässer zusammenhängende Gebilde mit einer charakteristischen Zonierung. Nur selten werden Teilbereiche durch natürliche Sperren isoliert. Durch Wehranlagen und Staudämme zur Regulation der Wassermengen, Schiffbarmachung, Energie- oder Trinkwassergewinnung wurden besonders in den letzten 150 Jahren viele Gewässersysteme unterbrochen und isoliert. Der Rückgang anadromer Fischarten wie Lachs, Maifisch und Finte läßt sich meist unmittelbar mit der Unterbrechung ihrer Wanderwege zu den Laichplätzen in Verbindung bringen. Aber nicht nur die Flußfische, sondern zunehmend auch die Bachfischfauna wird durch ungünstig konstruierte Brückendurchlässe, kleine, oft nur 20–30 cm hohe Schwellen oder Meßpegel an ihren Wanderungen gehindert. Besonders die bodenorientierten Schmerlen, Groppen, Gründlinge und Neunaugen werden durch diese Hindernisse an der Wiederbesiedelung ehemals verödeter Gewässerabschnitte gehindert.
Neben der Behinderung des Wanderverhaltens wirken sich Stauhaltungen aufgrund der stärkeren Erwärmung des gestauten Wassers und Feinsedimentablagerung infolge der Reduktion der Fließgeschwindigkeit ungünstig aus. Weist das gestaute Gewässer zudem eine ungünstige Gewässergüte (Güteklasse II–III und schlechter) auf, so kommt es zusätzlich zu Faulschlammablagerungen und Sauerstoffzehrungen. Die ursprüngliche Fischfauna, die sich aus strömungsliebenden Arten zusammensetzt, weicht euryöken Stillwasserarten.

Begradigung und Gewässerausbau Nur ein verschwindend geringer Anteil der mitteleuropäischen Fließgewässer haben einen vom Menschen gänzlich unbeeinflußten Lauf. Bereits im Mittelalter wurden umfangreiche Umgestaltungen durchgeführt. In den letzten Jahrzehnten wurden diese Aktivitäten aufgrund des Einsatzes von sehr leistungsfähigen Maschinen erheblich verstärkt. Neben dem direkten Längenverlust durch Begradigung schlägt besonders die Monotonisierung der Gewässer negativ zu Buche. Wo früher Mäander, Gumpen, Stillen, Schnellen, Kiesbänke und Unterstände an hinterspülten Ufern Schmerle, Gründling, Elritze, Groppe, Strömer, Schneider und Bachforelle vielfältige Lebensbedingungen boten, prägt heute ein Einheitsprofil mit gemähten Ufern und konstanter Gewässertiefe sowie -breite die Landschaft. Die Fischfauna verarmt und umfaßt nur noch morphologisch anspruchslose Arten wie Stichling, Aal, Rotauge und Döbel.
Der durch Eindeichung verlorene Bereich der Überschwemmungsgebiete hat besonders an großen Flüssen, wie Rhein und Donau, Auswirkungen auf die Fischfauna. Typische Krautlaicher, wie viele Karpfenfische, die nach dem Frühjahrshochwasser

bevorzugt auf überschwemmten Flächen laichen, finden nur wenige geeignete Laichplätze. Flächenhafte Renaturierungskonzepte, wie sie zur Zeit in einigen Bundesländern anlaufen, erscheinen als ein geeignetes Mittel die beim Gewässerausbau entstandenen Fehlentwicklungen zu beheben.

Verschmutzung Die Verschmutzung der Gewässer durch organische Abwässer aus Haushalten und Landwirtschaft hatte ebenso wie die Belastung mit giftigen Stoffen ihren Höhepunkt zwischen 1960 und 1980 erreicht. Besonders im Sommer kam und kommt es regelmäßig zu Fischsterben aufgrund von Sauerstoffmangel, besonders in kleineren Bächen. Industrielle Abwässer belasten dagegen vor allem die größeren Flüsse und Ströme. Katastrophen wie das Sandoz-Unglück, das ein großes Fischsterben auslöste, sind nur der Gipfel des Eisberges. Chronische Vergiftungen, ausgelöst durch Anreicherungen von Schwermetallen und organischen Schadstoffen in den Fischorganen, stehen weniger im Blickfeld der Öffentlichkeit, sie sind aber aus ökologischer Sicht nicht von geringerer Bedeutung. Über die Flüsse und Ströme gelangen die Abwässer in die Nord- und Ostsee, wo besonders die Belastung mit Düngemitteln negative Auswirkungen auf das Ökosystem hat.

Trotz dieser noch negativen Bilanz erscheint das Problem der Wasserverschmutzung, wie die spürbaren Verbesserungen der Gewässergüte vieler Gewässersysteme (z. B. Rhein, Neckar) zeigen, lösbar. Unter kombinierter Verwendung von Abwasservermeidungsstrategien und modernen Klärtechniken könnten auch bisher fast unlösbar erscheinende Abwasserprobleme (z. B. Emscher, Weser, Elbe) gelöst werden. Im Hinblick auf die marinen Ökosysteme kommt der Reduktion von eutrophierenden Nährstoffen (Phosphat, Nitrat) eine besondere Bedeutung zu.

Flächenhaft wirkende Schadstoffeinträge durch den »Sauren Regen« wurden aufgrund des Waldsterbens in das Bewußtsein weiter Bevölkerungskreise gerückt. Die ebenfalls durch den »Sauren Regen« verursachte Gewässerversauerung ist dagegen weniger bekannt. Ihre Auswirkungen auf die betroffenen Gewässer in Gebieten mit basenarmen Untergrund sind nicht weniger stark. Viele Gewässer im Bayerischen Wald, Erzgebirge, Schwarzwald, Hunsrück usw. sind bereits fischleer. Flächenhaft fehlen in diesen Gebieten z. B. die säureempfindlichen Elritzen, Groppen und Neunaugen. Überalterte Bachforellenbestände und einzelne Bachsaiblinge sind oft die einzigen Fischarten in diesen Bereichen. Konsequente Luftreinhaltung stellt das einzige Mittel zur Reduktion des »Sauren Regens« dar.

Gesetzlicher Schutz

Der Schutz wildlebender Tier- und Pflanzenarten wird in der Bundesrepublik Deutschland normalerweise durch die Bundesartenschutzverordnung (BArtSchV) geregelt. Eine Ausnahme bilden die Fische, zu deren Schutz in den Fischereigesetzen der Länder Schonzeiten und Mindestmaße festgelegt sind. In Europa wird der Schutz der Fischarten durch die FFH(Flora-Fauna-Habitat)-Richtlinie geregelt.

Bachneunauge

Lampetra planeri

Stark gefährdet
(Foto oben und unten links)

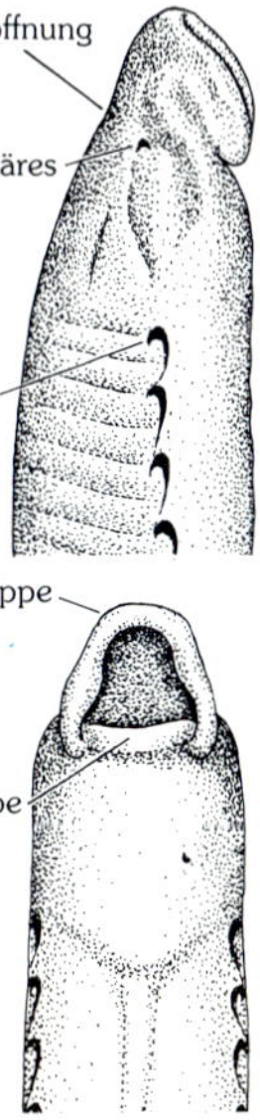

Vorderteil der Neunaugenlarve

Petromyzonidae, Neunaugen. **Merkmale:** Kein echter Fisch, gehört zur Klasse der Rundmäuler. Körper aalähnlich, bleistiftdick. Scheibenförmiges Saugmaul mit Hornzähnchen (Foto unten links). Beiderseits 7 Kiemenöffnungen. Mit dem Auge sowie der Nasenöffnung ergeben sich 9 »Augen« (Name!). Keine paarigen Flossen; Rücken-, Schwanz- und Afterflosse bilden einen Flossensaum. Rücken graublau bis graugrün. Flanken heller. Bauch silbrig-weiß. Länge bis 15 cm. **Lebensraum:** Oberlauf von Fließgewässern sowie durchströmte Seen mit Feinsand. **Biologie:** Möglicherweise eine nicht wandernde, stationäre Bachform des anadromen Flußneunauges *(Lampetra fluviatilis).* Anatomische Merkmale, Fortpflanzung und Larvenentwicklung sprechen dafür. Umstritten ist auch die systematische Einordnung der im Donauraum lebenden Neunaugen als *Eudontomyzon mariae, E. danfordi* oder *E. vladykovi.* Bachneunaugen kommen meist zu mehreren unter Steinen vor. Die Tiere laichen von März bis Juni, das Männchen am Weibchen festgesaugt, im Flachwasser an sandig-kiesigen Stellen. Nach dem Laichen sterben die Elterntiere. Larven (Ammocoetes- oder Querderstadium) mit unter der Haut verborgenen rudimentären Augen (s. Grafik); leben 3–4 Jahre im Sediment, fressen kleine organische Bestandteile. Geschlechtsreife Tiere nehmen keine Nahrung mehr auf. **Verbreitung:** Europa. Fehlt im äußersten Süden und Norden.

Meerneunauge

Petromyzon marinus

Stark gefährdet
(Foto unten rechts)

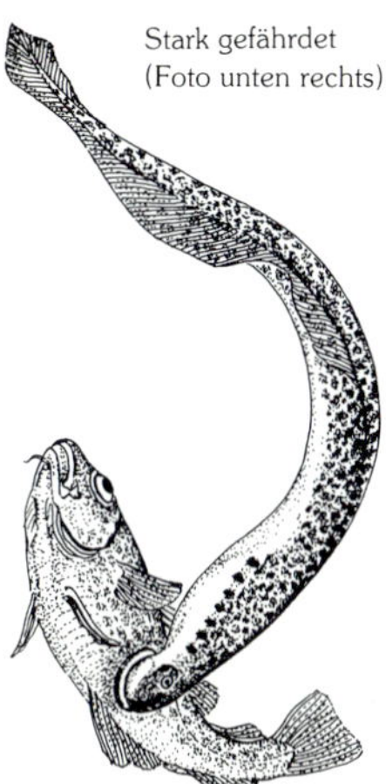

Petromyzonidae, Neunaugen. **Merkmale:** Langgestreckt, aalähnlich. Zweigeteilte Rückenflosse; keine paarigen Flossen. Scheibenförmiges Saugmaul mit Hornzähnen (Foto unten rechts). Graugrün gefärbt, oberseits dunkel marmoriert. Länge 50–80 cm, max. 100 cm. **Lebensraum:** In Küstennähe und Flußmündungsbereichen. **Biologie:** Anadromer Wanderfisch; Laichaufstieg von März bis Mai die Flüsse hinauf. Zum Laichen saugt sich das Männchen am Weibchen fest und umschlingt es. Ablage der Eier (Durchmesser ca. 1 mm, 200 000–300 000 Stück) auf kiesigem Untergrund in Nestgruben; Tiere sterben danach. Larven leben 2–5 Jahre im Feinsand; nach der Umwandlung 3–4 Jahre im Meer. Erwachsene ernähren sich an Fischen festgesaugt von deren Körpersäften und Muskelfleisch (s. Grafik). Durch Gewässerverschmutzung und Flußregulierungen (Aufstiegshindernisse, Verlust von Feinsandarealen) stark bedrohte Art. **Verbreitung:** Atlantische Küsten Europas und Nordamerikas.

Sterlet

Acipenser ruthenus

Ausgestorben oder verschollen

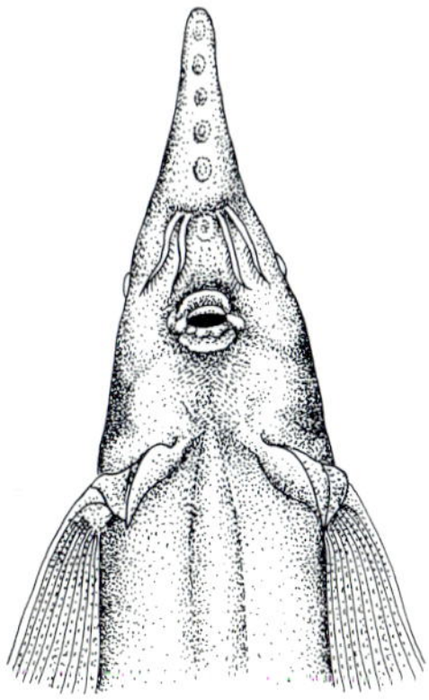

Acipenseridae, Störe. **Merkmale:** Spindelförmiger Körper mit langer, etwas nach oben gebogener Schnauze (Rostrum). Maul unterständig, mit 4 gefransten Barteln (s. Grafik). 5 Knochenschilderlängsreihen mit 58–71 Seitenschildern. Maximale Dicke der Schilder hinten. Die Wirbelsäule setzt sich in den Oberlappen der asymmetrischen Schwanzflosse fort. Donaupopulation max. 70 cm lang. **Lebensraum:** Einzige europäische Störart, die ganzjährig im Süßwasser lebt. Bodenfisch der größeren Ströme und Flüsse. **Biologie:** Zur Laichzeit von April bis Juni unternehmen Sterlets stromaufwärts gerichtete Wanderungen. Über kiesigem Grund in relativ schnellfließenden und tiefen Bereichen wird abgelegt. Die Eier sind klebrig und haften an den Kieseln fest. Pro Weibchen werden bis zu 75 000 Eier abgelaicht. Nach 4–9 Tagen schlüpfen die kaulquappenförmigen Larven. Jungfische bevorzugen tags tiefe und nachts flache Gewässerabschnitte. Nach 4–5 (Männchen) bzw. 5–9 Jahren (Weibchen) werden sie geschlechtsreif. Die Nahrung besteht aus Insektenlarven, Kleinkrebsen, Würmern und Schnecken, die mit dem vorstülpbaren Maul aufgenommen wird. Durch Gewässerausbau, Staustufen, Verschmutzung und Überfischung gefährdet. Die Bestände in Österreich und Deutschland gehen auf Besatz zurück. **Verbreitung:** Zuflüsse des Schwarzen- und Kaspischen Meeres (Donau früher bis Ulm). In östl. Ostseezuflüssen wohl erloschen. Als Besatzfisch auch selten im Rhein.

Stör

Acipenser sturio

Ausgestorben oder verschollen

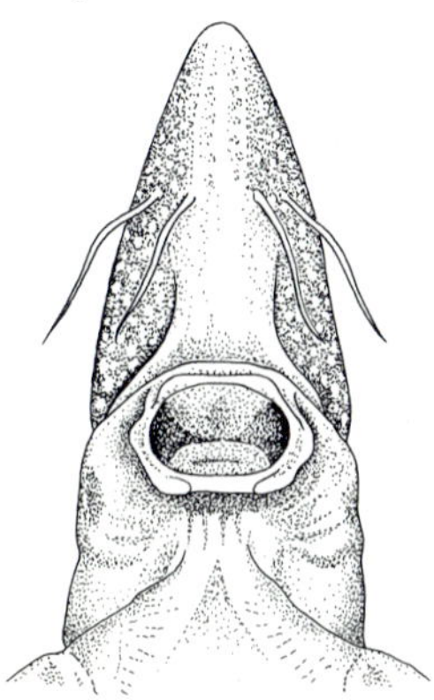

Acipenseridae, Störe. **Merkmale:** Körperbau wie Sterlet, aber mit kürzerem Rostrum und ungefransten Barteln (s. Grafik). An der Seite nur 24–35 Knochenschilder, die ihre max. Dicke in der Mitte aufweisen. 1–2 m lang, max. 6 m. **Lebensraum:** Als Jungtiere im Süßwasser. Erwachsene im Meer; bevorzugen nahrungsreiche, schlammige Böden. **Biologie:** Anadromer Wanderfisch, der von April bis Juni in die Mittelläufe der Ströme und großen Flüsse aufsteigt. Von Juni bis Juli legen die Weibchen ihre 500 000–3 000 000 Eier in 6–8 m Tiefe auf kiesigem Grund in schnellfließendem Wasser ab. Ehemals wirtschaftlich intensiv genutzte Art, deren Eier als Kaviar begehrt sind. Nahrung wie Sterlet. Aufgrund von Gewässerausbau, Staustufen, Verschmutzung und Überfischung akut vom Aussterben bedroht. **Verbreitung:** Küstengebiete von Schweden bis zur Türkei und im Bereich des Schwarzen Meeres, sowie eine Süßwasserpopulation im Ladogasee.

Lachs

Salmo salar

Vom Aussterben bedroht

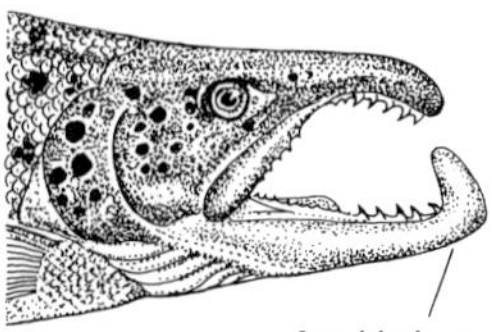

Salmonidae, Lachsfische. **Merkmale:** Langgestreckter, spindelförmiger Körper. Spitzschnauziger Kopf und schlanker Schwanzstiel. Weite, bis hinter die Augen reichende Mundspalte, Fettflosse. Altersabhängige Färbung, Junglachse bis etwa 15 cm haben dunkle Querbinden sowie dunkle Punkte auf den Seiten (s. Foto oben). Männchen mit hakenförmig verlängertem Unterkiefer (sog. Laichhaken, s. Grafik) zur Laichzeit. Ins Meer abwandernde »Blanklachse« mit graugrüner Färbung oberseits sowie silbernen Flanken; schwarze Punkte und x-förmige Flecken an Kopf bzw. Körper. Laichtiere besitzen rote und schwarze Flecken, die Männchen eine rote Unterseite. Länge 50–100 cm, max. 150 cm (selten). **Lebensraum:** Je nach Alter und Geschlechtsreife im Meer oder Süßwasser. **Biologie:** Anadromer Wanderfisch. Mit Eintritt der Geschlechtsreife ziehen die Tiere scharenweise, oft Tausende von Kilometern, in ihr Geburtsgewässer. Dieses erkennen Lachse an seinem typischen Geruch. Bei den kräftezehrenden Wanderungen nehmen die Tiere keine Nahrung auf. Aufstiegshindernisse (Stromschnellen, Wasserfälle, Wehre) bis 1,5 m überspringen sie. Zwischen September und Februar erreichen die Fische ihre Laichgewässer. Mittels Sexuallockstoffen finden Männchen und Weibchen zueinander. Nachdem das Weibchen mit dem Schwanz eine Laichgrube in den kiesigen Untergrund geschlagen hat, erfolgt die Abgabe der klebrigen Eier (Durchmesser 4–7 mm, 2000/kg Körpergewicht). Danach werden die Eier mit Kies bedeckt. Der Vorgang wiederholt sich mehrmals, bis alle Eier abgelegt sind. Aus Entkräftung sterben die meisten Tiere nach dem Laichen. Wenige erreichen erneut das Meer. Die geschlüpften Larven bleiben zunächst im Kieslückensystem und zehren von ihrem Dottersack. Nach 2–5 Jahren im Süßwasser erfolgt die Umwandlung zum Blanklachs und Abwanderung ins Meer. Dort leben sie weitere 1–4 Jahre, um dann zum Ablaichen in die Fließgewässeroberläufe zurückzukehren. Im Süßwasser ernähren sich die Junglachse von wirbellosen Kleintieren, Anfluginsekten und Fischbrut; ins Meer abgewanderte Individuen fressen Fische. In unseren Stromsystemen ist der Lachs fast ausgestorben. Seit den 80er Jahren versucht man die Lachsbestände durch Besatzmaßnahmen (Rheineinzugsgebiet in der Schweiz) sowie durch Renaturierung der Gewässer wieder aufzubauen. **Verbreitung:** Nordatlantik, Nord- und Ostsee sowie europäische und nordamerikanische Flußsysteme.

Bachforelle

Salmo trutta fario

Gefährdet

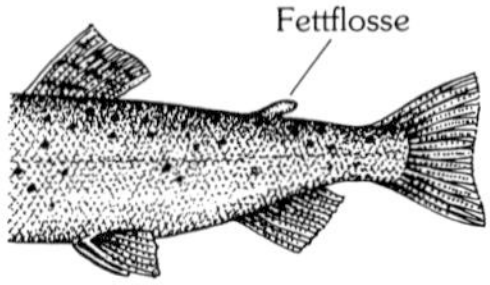

Salmonidae, Lachsfische. **Merkmale:** Körper torpedoförmig. Stumpfe Schnauze. Rücken braunoliv. Seiten silbrig bis messingfarben. Bauch weißlich bis gelblich. Oberseits mit schwarzen, Flanken mit hell gesäumten, roten Punkten. Fettflosse vorhanden (s. Grafik). Länge bis 60 cm, meist 20–25 cm. Zwergwuchs (15–20 cm) in kleinen Bächen mit geringem Raum- und Nahrungsangebot (sog. Steinforelle). **Lebensraum:** Klare, kühle und sauerstoffreiche Fließgewässer (Forellenregion) und Gebirgsseen bis 2500 m Höhe, überwiegend mit Kies- und Geröllgrund. Vertiefungen und Ausspülungen des Bachbettes (Gumpen und Kolke), unterspülte Ufer, Wurzeln von Uferpflanzen, größere Steine und Felsblöcke bieten entsprechende Unterstände und sind für den Lebensraum charakteristisch. **Biologie:** Stationäre Fischart mit ausgeprägtem Revierverhalten in Fließgewässern. Jungfische in der Regel in flacheren, kleinräumig strukturierten Gewässerstrecken; ältere Bachforellen in tieferen und großflächigeren Gewässerbereichen (Gumpen). Die stärkeren Fische verdrängen die schwächeren Individuen auf schlechtere Standplätze. Als sog. Winterlaicher pflanzen sich Bachforellen zwischen Oktober und Januar fort. Hierbei schlägt das Weibchen mit dem Schwanz eine 15–30 cm tiefe Laichgrube in den kiesigen Untergrund und laicht knapp oberhalb der Vertiefung ab. Die klebrigen Eier (s. Foto unten; Durchmesser 4–5,5 mm, 1500–2500/kg Körpergewicht) werden vom Männchen besamt und mit Kies bedeckt. Nach dem Schlupf bleiben die Dottersacklarven (untere Individuen auf Foto unten) zunächst im Kieslückensystem bis der Dottersack aufgebraucht ist. Danach nehmen die Brütlinge (oberes Individuum auf Foto unten) zunächst kleine, wirbellose Gewässerorganismen auf (Insektenlarven, Bachflohkrebse, Aufwuchsorganismen). Erwachsene Tiere ernähren sich von Wirbellosen sowie von auf die Wasseroberfläche fallenden Insekten (sog. Anflug). Räuberische Großforellen fressen Kleinfische (Elritzen, Groppen, Bachschmerlen, Gründlinge u. a.), die eigene Brut sowie gelegentlich Amphibien und deren Larven. Die Bachforelle ist u. a. durch Gewässerausbau und -verschmutzung, Besatz mit konkurrierenden Arten (Regenbogenforelle, Bachsaibling) gefährdet. Zudem treten in Regionen mit kalkarmem Untergrund durch Gewässerversauerung oft erhebliche Verluste auf. **Verbreitung:** Europa und Kleinasien. In Nordamerika, Afrika, Indien, Australien und Neuseeland eingebürgert.

Meerforelle

Salmo trutta trutta

Stark gefährdet

Salmonidae, Lachsfische. **Merkmale:** Körperform ähnlich Lachs, jedoch plumper. Jungfische mit dunklen Querbinden und roten Flecken. Ältere Exemplare tragen schwarze, x-förmige Flecken. Laichtiere auch mit rötlichbraunen Flecken. Fettflosse. Laichhaken beim Männchen. Länge bis 100 cm. **Lebensraum:** Jungtiere in der unteren Forellen- und Äschenregion. Erwachsene im Meer in Küstennähe, oft vor Flußmündungen. **Biologie:** Anadrome Fischart. Fortpflanzung (Dezember bis März) vgl. Lachs. Jungfische wandern 2- bis 4-jährig ins Meer ab. Nahrung: Anfangs Wirbellose, später meist Fische. Durch Laichgewässerverlust sowie Gewässerverbau vom Aussterben bedroht. **Verbreitung:** Küsten Europas mit Nord- und Ostsee. Von Nordportugal über Skandinavien bis Nordrußland.

Seeforelle

Salmo trutta lacustris

Stark gefährdet

Laichvorgang

Salmonidae, Lachsfische. **Merkmale:** Gestalt wie Bachforelle. Rücken graublau bis graugrün; Flanken silberfarben; Bauch weißlich. Jungtiere mit rötlichen Punkten, Alttiere mit schwarzen Flecken. Fettflosse. Länge 40–80 cm, max. 140 cm. **Lebensraum:** Tiefe, kühle und sauerstoffreiche Vorgebirgs- und Gebirgsseen (bis 1800 m). **Biologie:** Laicht (Oktober bis November) in Seenzuflüssen und Seen. Fortpflanzung (s. Grafik) wie Bachforelle. Als sog. Schwebforellen oberflächennah im Freiwasser sowie in der Uferzone. Ältere Individuen (sog. Grundforellen) in größeren Wassertiefen. Nahrung: wirbellose Kleintiere, Alttiere meist Fische. Durch Aufstiegshindernisse und Laichplatzverlust in den Zuflüssen stark gefährdet. **Verbreitung:** Alpenraum bis Kroatien, Skandinavien, Nordrußland, Britische Inseln, Irland, Island.

Huchen

Hucho hucho

Vom Aussterben bedroht

Salmonidae, Lachsfische. **Merkmale:** Langgestreckter, fast drehrunder Körper mit abgeflachtem Kopf. Rücken bräunlich bis grünlichgrau. Flanken heller mit Bronzeton. Bauch weißlich. Körper mit schwarzen Punkten und Fettflosse. 50–150 cm lang. **Lebensraum:** Kühle und sauerstoffreiche Fließgewässer der Äschen- und Barbenregion. **Biologie:** Standfisch; oft an tiefen Stellen hinter Baumwurzeln, Brückenpfeilern, Wehren und dgl. Laicht von März bis April nach kurzem Laichzug flußaufwärts über Kiesbänken. Nahrung: Wirbellose, Fischbrut, Fische, gelegentlich auch Mäuse und Frösche. Stark bedrohte Art. **Verbreitung:** Ursprünglich im Stromgebiet der Donau. Durch Besatzmaßnahmen auch in Hochrhein, Rhein- und Bodenseezuflüssen.

Regenbogen-forelle

Oncorhynchus mykiss
Syn.: *Salmo gairdneri*

Salmonidae, Lachsfische. **Merkmale:** Körperbau ähnlich wie Bachforelle. Rücken olivfarben. Flanken heller, mit rosafarbenem, schillerndem Längsband. Körper mit schwarzen Flecken. Fettflosse. Länge 25–50 cm, max. 70 cm. **Lebensraum:** In Nordamerika (Heimat) als Küsten- sowie stationäre Fließgewässerform. Bei uns in sauerstoffreiche Fließgewässer (Forellen- und Äschenregion) sowie Stillgewässer eingesetzt. **Biologie:** Gegenüber geringerem Sauerstoffgehalt und höheren Wassertemperaturen toleranter als die Bachforelle. Natürliche Fortpflanzung in Europa selten beobachtet. Laicht von Dezember bis Mai. Eizahl 1600–2000/kg Körpergewicht. Laichvorgang und Nahrung wie Bachforelle. **Verbreitung:** Nordamerika (Heimat). Fast weltweit als Wirtschaftsfisch verbreitet. Bei uns ab 1882.

Seesaibling

Salvelinus alpinus salvelinus

Stark gefährdet

Ausheben der Laichgrube

Salmonidae, Lachsfische. **Merkmale:** Körper torpedoförmig. Junge Tiere schlank, ältere gedrungener. Färbung: blaugrün bis braun mit hellen Punkten. Bauch weißlich bis gelborange. Fettflosse. 3 Formengruppen: Tiefseesaibling (Schwarzreuter) 15–25 cm, Normalsaibling bis 40 cm, Wildfangsaibling bis 75 cm. **Lebensraum:** Anadrome Stammform (Wandersaibling) in Küstengewässern des nördlichen Eismeeres; Seesaiblinge in tiefen, kalten und sauerstoffreichen Seen mit kiesig-steinigem Grund. In Voralpen- und Alpenseen bis 2800 m Höhe. **Biologie:** Häufig in der Freiwasserzone, bis in 100 m Tiefe. Jungtiere schwarmbildend, ältere sind Einzelgänger. Je nach Formengruppe verschieden sind Laichzeit (Oktober bis Januar), Laichplätze (kiesige Stellen in Tiefen von 20–80 m und Bachmündungsbereiche), Nahrung (Zooplankton, Wirbellose, Anflug, Fische). **Verbreitung:** Nordeuropa, Kanada, Deutschland, Österreich, Schweiz.

Bachsaibling

Salvelinus fontinalis

Salmonidae, Lachsfische. **Merkmale:** Gestalt wie Bachforelle. Braungrüner Rücken und Rückenflosse hell marmoriert. Seiten mit roten und gelben Punkten. Fettflosse. Länge 20–45 cm. **Lebensraum:** Kalte, sauerstoffreiche Fließgewässer (bis Quellregion) und Seen. **Biologie:** Stationäre Fischart. Geringere Ansprüche an den Sauerstoffgehalt des Wassers als die Bachforelle, jedoch wärmeempfindlicher als diese. In der Regel im 3. Jahr geschlechtsreif. Laichzeit von Oktober bis März. Fortpflanzung und Ernährung wie Bachforelle. **Verbreitung:** Heimat ist der Osten Nordamerikas. Nach Europa 1884 eingeführt.

Blaufelchen

Coregonus lavaretus

Gefährdet

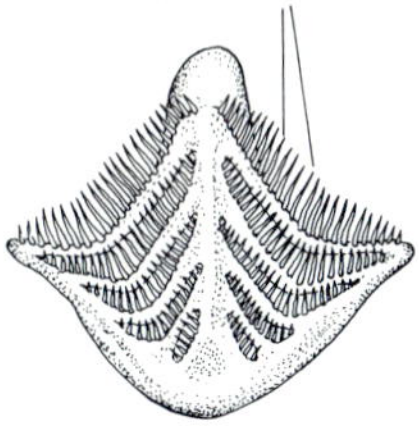

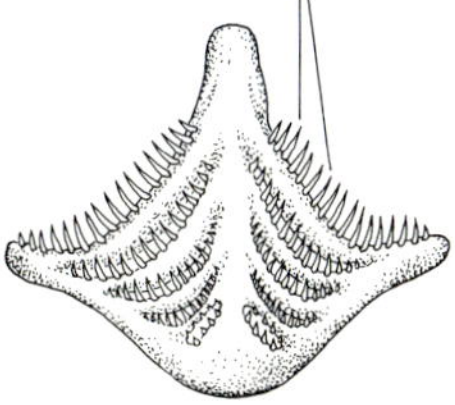

Coregonidae, Felchen. **Merkmale:** Die Gattung der Felchen (=Renken, Maränen) umfaßt in Europa mindestens 8 Unterarten mit einer Vielfalt von selbständigen Rassen und lokalen Gruppen (Taxa), die systematisch und ökologisch unterschiedlich stark voneinander getrennt sind. Die Unterscheidung ist nicht immer möglich. Der langgestreckte, seitlich zusammengedrückte Körper ist heringsähnlich. Felchen besitzen wie Lachsartige eine Fettflosse. Die Schuppen der silberfarbenen Seiten sind größer als die der Salmoniden. Kiemenbogen mit Reusendornen, deren Zahl, Größe und Form für die Bestimmung wichtig ist. Die variable Art *C. lavaretus* hat 25–34 Reusendornen, ein endständiges Maul und eine Länge bis 70 cm. **Lebensraum:** Überwiegend Süßwasser in großen, tiefen, kühlen, oligotrophen Seen. Einige anadrome Populationen auch im Meer und Küstenbereich. **Biologie:** Man unterscheidet zwei ökologische Gruppen, die durch Übergangsformen verbunden sind. Charakteristisch für die Schweberenken ist ihr Aufenthalt im freien Wasser und ihre Ernährung durch Zooplankton. Eine optimale Filterung des Wassers wird durch die dicht stehenden, langen, schlanken Reusendornen erreicht (s. Grafik oben). Die Bodenrenken ernähren sich von Benthosorganismen (Wasserasseln, Kleinkrebse, Würmer, Insektenlarven, Schnekken) und haben weniger und kürzere Reusendornen (s. Grafik unten). Einige Populationen verhalten sich bei reicher Zooplanktonentwicklung im Sommer wie Schweberenken und wechseln im Winter bei geringem Zooplanktonangebot die Lebensweise. Von Ende Oktober bis Januar versammeln sich die Felchen in den Laichgebieten. Einige Populationen laichen ufernah über Sand und Kies, andere im freien Wasser. Die Eier sinken ab und entwickeln sich in großer Tiefe. Anadrome Populationen machen Laichwanderungen in die Unterläufe der Flüsse. Wirtschaftlich als Brotfisch der Berufsfischer von großer Bedeutung. Künstliche Erbrütung und fischereilich reglementierte Bewirtschaftungsweise sollen die Erträge stabilisieren. Aufgrund der Eutrophierung der Seen infolge von Phosphat- und Nitrateinträgen durch Abwasser und Landwirtschaft sind einige Populationen bedroht. Durch Besatz ist die genetische Identität einiger Taxa stark gefährdet. **Verbreitung:** *C. lavaretus:* Nordeuropa und nördliches Rußland; anadrome Populationen im Ostseebereich; Eiszeitrelikte in großen, kalten Seen des Vor- und Alpenbereichs (z. B. Bodensee); Westengland.

Äsche

Thymallus thymallus

Gefährdet

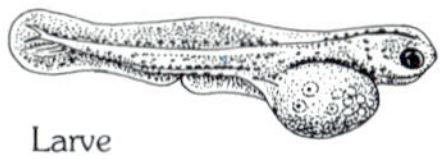

Larve

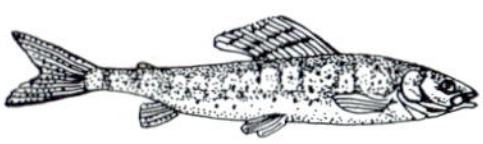

einsömmriger Jungfisch

Thymallidae, Äschen. **Merkmale:** Körper spindelförmig. Kopf spitz zulaufend, kleine Mundspalte. Pupille vorne spitz endend. Fahnenartig ausgezogene Rückenflosse mit purpurfarbenen Augenflecken. Fettflosse. Färbung: silbrig-weiß mit messinggelben Längsstreifen und schwarzen Flecken. Das Fleisch der Äsche riecht nach Thymian (daher lateinisch *Thymallus* genannt). Länge: 25–50 cm. **Lebensraum:** Rasch fließende größere Bäche und kleine Flüsse der Äschenregion mit klarem, kühlem Wasser und sandig-kiesigem Grund. In Seen meist im Einmündungsbereich von Fließgewässern. **Biologie:** Stationäre Art. Jungtiere leben gern gesellig. Ältere, größere Äschen sind Einzelgänger und zeigen Territorialverhalten. Laichzeit von März bis Mai. Abgabe des Laichs in Laichgruben in kiesige bis feinkiesige Substrate. Eier (etwa 7000/kg Körpergewicht) werden mit Kies bedeckt. Larven (s. Grafik) leben zunächst im Kieslückensystem. Zum Nahrungsspektrum gehören Insektenlarven, Anfluginsekten, Bachflohkrebse, Schnecken, Würmer sowie gelegentlich kleine Fische und Fischlaich. Äschen reagieren empfindlich auf Gewässerverschmutzung und Gewässerausbau. In den letzten Jahren langsame Erholung der Bestände. **Verbreitung:** Europa mit Ausnahme von Südfrankreich, Spanien, Portugal, Süditalien, Irland, Südschweden. In Deutschland nicht häufig.

Stint

Osmerus eperlanus

Stark gefährdet

Osmeridae, Stinte. **Merkmale:** Körper schlank und langgestreckt. Großes, kräftig bezahntes, oberständiges Maul. Rücken graugrün, sonst silberglänzend. Zur Laichzeit mit metallisch glänzendem Längsband. Fettflosse. Auffallender Geruch nach frischen Gurken. Wanderstint bis 40 cm, Binnenstint bis 15 cm lang. **Lebensraum:** Küstengewässer von Nordsee, Ostsee und Atlantik; oft in Flußmündungsbereichen (Wanderstint). Binnenstinte besiedeln große, sommertrübe, tiefe Seen. **Biologie:** Der Wanderstint ist ein anadromer Wanderfisch; zieht in großen Schwärmen zum Laichen in die Flußunterläufe. Laicht (März bis April) im strömenden Flachwasser. Eier (9000–40000) haften schwach am Boden; treiben später frei im Wasser. Jungfische wandern ab 4–5 cm Länge ins Meer. Nahrung: Zooplankton, wirbellose Bodentiere, Fischbrut. Wanderform durch Aufstiegshindernisse und Gewässerverschmutzung stark bedroht. **Verbreitung:** Biskaya bis Südnorwegen. Seen in Norddeutschland, England, Skandinavien, Rußland.

Rotauge, Plötze

Rutilus rutilus

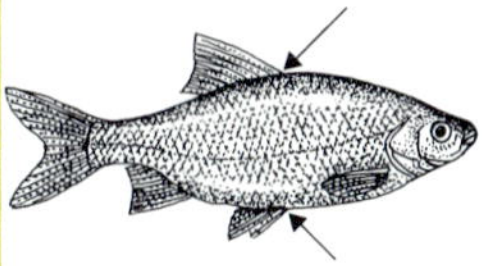

Ansatzstelle von Rücken- und Bauchflosse (Pfeile)

Cyprinidae, Karpfenfische. **Merkmale:** Körper spindelförmig bis hochrückig, seitlich abgeflacht. Bauch zwischen Bauch- und Afterflosse gerundet. Maul endständig. Vorderansatz der Rückenflosse senkrecht über bzw. knapp hinter dem der Bauchflossen (s. Grafik). Iris rot. Färbung grausilbern bis gelblichsilbern. Paarige Flossen rötlich bis hellrot, unpaarige grau. Männchen mit Laichausschlag an Kopf und Rücken. Länge 20–50 cm, selten bis 50 cm. **Lebensraum:** Stehende und langsam fließende Gewässer; auch Brackwasser. **Biologie:** Anpassungsfähiger und gegen Wasserverschmutzung relativ unempfindlicher Schwarmfisch. In verkrauteten Uferbereichen und im Freiwasser anzutreffen. Neigt bei fehlendem Raubfischbesatz zur Massenentwicklung und zu Zwergwuchs (Verbuttung), vor allem in abwasserbelasteten Gewässern. In Ostsee und Schwarzem Meer anadrome Wanderformen. Laicht von April bis Mai im Schwarm, bevorzugt im Flachwasser an Pflanzen, Wurzelwerk, Steinen. Je nach Größe legen die Weibchen 50 000–100 000 Eier ab. Nach 4–10 Tagen schlüpfen die Larven, die sich nach Aufzehren des Dottersackes von Plankton ernähren. Später werden wirbellose Kleintiere, Zooplankton, Anflugnahrung und Wasserpflanzen gefressen. **Verbreitung:** Europa nördlich der Alpen und Pyrenäen bis Sibirien. In Teilen Skandinaviens (Schweden, Südnorwegen).

Rotfeder

Scardinius erythrophthalmus

Gefährdet

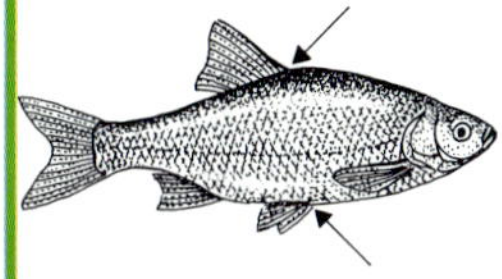

Ansatzstelle von Rücken- und Bauchflosse (Pfeile)

Cyprinidae, Karpfenfische. **Merkmale:** Körper mehr oder weniger hochrückig und seitlich zusammengedrückt. Oberständiges Maul. Vorderansatz der Rückenflosse deutlich hinter dem der Bauchflosse (s. Grafik). Iris messinggelb. Bauch zwischen Bauch- und Afterflosse gekielt. Körper mit silbernen bis messinggelben Schuppen. Flossen kräftig hellrot. Länge 20–40 cm. **Lebensraum:** Stehende und langsam fließende Gewässer, bevorzugt mit Wasserpflanzenbeständen. Auch im Brackwasser. **Biologie:** Schwarmfisch, der sich gern in der vegetationsreichen Uferzone aufhält. Laicht (April und Mai) im Schwarm an seichten Uferstellen in Pflanzenbeständen. Eier (90 000–200 000) haften mittels einer Klebsubstanz an Wasserpflanzen. Je nach Wassertemperatur beträgt die Brutdauer 3–10 Tage. Nahrung sind Wirbellose, Plankton, Anfluginsekten, Fadenalgen sowie weichblättrige höhere Wasserpflanzen (Laichkrautarten, Tausendblatt, Wasserpest). **Verbreitung:** West-, Mittel- und Osteuropa. Fehlt in Teilen Skandinaviens und Schottlands.

Frauennerfling

Rutilus pigo virgo

Stark gefährdet

Cyprinidae, Karpfenfische. **Merkmale:** Körper relativ hochrückig; seitlich abgeflacht, gedrungen. Maul halbunterständig. Schuppen (44–49 entlang Seitenlinie) größer als bei Aland. Länge 20–40 cm. **Lebensraum:** Tiefe Bereiche mittlerer Fließgeschwindigkeit im Ober- und Mittellauf der Donau sowie der größeren Nebengewässer. **Biologie:** Zur Laichzeit von April bis Mai zeigen die Männchen starken Laichausschlag. Pro Weibchen werden ca. 60 000 Eier hauptsächlich an Wasserpflanzen abgelegt. Die Nahrung besteht vermutlich aus am Boden lebenden Würmern, Schnecken und Kleinkrebsen. In Bayern haben die Bestände aufgrund von Gewässerausbau und Verschmutzung stark abgenommen. In Baden-Württemberg wahrscheinlich ausgestorben. **Verbreitung:** Donauraum von Bayern bis Ungarn.

Perlfisch

Pararutilus frisii meidingeri

Vom Aussterben bedroht

Cyprinidae, Karpfenfische. **Merkmale:** Körper langgestreckt, im Querschnitt fast drehrund. Maul klein. 60 und mehr Schuppen entlang der Seitenlinie. Länge 40–50 cm, max. 70 cm. Färbung dunkelgrünlich. **Lebensraum:** Tiefenzone größerer Voralpenseen. **Biologie:** Zur Laichzeit Anfang Mai zeigen die Männchen einen starken Laichausschlag (Name!). In Gruppen wandern sie mit den Weibchen in die Ein- und Ausflüsse der Seen ein und laichen dort an flachen, kiesigen Stellen ab (Chiemseepopulation laicht in der Alz). Die Nahrung besteht aus Würmern, Insektenlarven und kleinen Fischen. Die Restbestände in den Voralpenseen sind durch Wasserverschmutzung und Veränderung ihrer Laichplätze sehr bedroht. **Verbreitung:** Chiem-, Traun- und Mondsee sowie Zu- und Abflüsse.

Aland, Orfe, Nerfling

Leuciscus idus

Gefährdet

Cyprinidae, Karpfenfische. **Merkmale:** Körper relativ hochrückig, gedrungen. 9 und mehr Schuppenreihen oberhalb der Seitenlinie. Länge 30–45 cm, max. 80 cm. Färbung silbrig-messingfarben. **Lebensraum:** Gesellige Art der mittleren bis großen Flüsse und Seen. **Biologie:** Von März bis Mai wandern die laichreifen Tiere flußaufwärts. Pro Weibchen werden 40 000 bis 100 000 Eier abgegeben. Sie haften an Pflanzen und Steinen. Die Nahrung besteht aus Würmern, Kleinkrebsen und Insektenlarven. Aufgrund Gewässerverschmutzung und Zerstörung der Laichplätze infolge von Ausbaumaßnahmen stark im Rückgang begriffen. Die Goldvarietät der Orfe wird in ökotoxikologischen Tests zur Abwasserüberwachung eingesetzt. **Verbreitung:** In Gewässern östlich des Rheins und nördlich der Alpen.

Moderlieschen
Leucaspius delineatus

Gefährdet

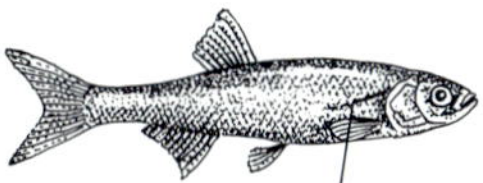

Cyprinidae, Karpfenfische. **Merkmale:** Schlanker und gestreckter, seitlich zusammengedrückter Körper. Oberständiges Maul. Kurze Seitenlinie (s. Grafik) reicht über 7 bis 12 Schuppen. Grundfärbung silbrig, mit stahlblauem Längsstreifen. Schuppen fallen leicht aus. Länge 6–9 cm, max. 12 cm. **Lebensraum:** Uferregion pflanzenreicher Stillgewässer (Seen, Weiher, Teiche, Moortümpel) sowie in langsam fließenden Gewässern (Flüsse der Brachsenregion, Altarme, Gräben). **Biologie:** Schwarmfisch; meist oberflächennah in sonnendurchfluteten Wasserpflanzenbeständen. Tritt zuweilen selbst in verschlammten Kleingewässern massenhaft auf, die kurz vorher noch fischleer schienen. Deshalb glaubte man früher an ihr Entstehen aus dem Schlamm ohne Elterntiere. Daher der Name »Moderlieschen« oder auch »Mutterloseken«. Mit 1 Jahr geschlechtsreif; die Weibchen legen in der Laichzeit (April bis Mai) ihre Eier in ringförmigen Bändern um Wasserpflanzenstengel. Das Männchen bewacht die Eier und sorgt durch Flossenfächeln für Frischwasserzufuhr. Moderlieschen fressen wirbellose Kleintiere sowie Anflug. Durch Schadstoffeinfluß, Entlandungsmaßnahmen sowie unkontrollierte Verlandung (u. a. in Uferzonen und Grabensystemen), Trockenlegung sowie Verfüllung von Kleingewässern gefährdete Art. **Verbreitung:** Mittel- und Osteuropa. Fehlt in England, Schweiz, Italien und großen Teilen Skandinaviens.

Ukelei, Laube
Alburnus alburnus

Cyprinidae, Karpfenfische. **Merkmale:** Körper schlank und langgestreckt, seitlich zusammengedrückt. Oberständiges Maul. Durchgehende Seitenlinie (s. Grafik). Silbrige Grundfärbung. Leicht ausfallende Schuppen. Länge 10–25 cm, meist nur bis 15 cm. **Lebensraum:** Stehende und langsam fließende Gewässer von der Barben- bis Kaulbarschregion. **Biologie:** Oberflächenorientierter Schwarmfisch, meist in Ufernähe anzutreffen. Oft Massenvorkommen, deshalb früher als Dung oder Schweinefutter verwendet. In den Schuppen eingelagerte Guaninkristalle lieferten früher den Grundstoff zur Herstellung künstlicher Perlen. Während der Laichzeit (April bis Juni) suchen die Fische seichte Uferstellen auf, wo sie die ca. 1000–1500 Eier an Steinen, Wurzelwerk und Pflanzen ablegen. Nahrung sind wirbellose Kleintiere, Anfluginsekten, Plankton. **Verbreitung:** Europa nördlich der Alpen und Pyrenäen. Fehlt in Nordnorwegen, Schottland, Irland.

Hasel

Leuciscus leuciscus

Gefährdet

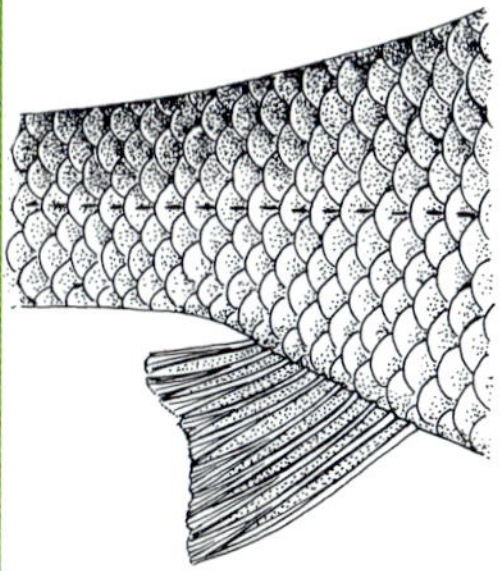

Afterflosse

Cyprinidae, Karpfenfische. **Merkmale:** Körper langgestreckt, spindelförmig, seitlich etwas zusammengedrückt. Kopf mit enger Mundspalte von der Schnauze leicht überragt. Afterflosse eingebuchtet (s. Grafik). Silbern gefärbt. Brust- und Bauchflossen sowie Afterflosse gelblich bis hellorange. Länge 15–30 cm. **Lebensraum:** Vorwiegend klare, sauerstoffreiche Bäche und Flüsse der Äschen- und Barbenregion. Auch Fließgewässer der Brachsenregion sowie im Zu- und Abflußbereich von Seen. **Biologie:** Oberflächenorientierter Schwarmfisch. Sehr lebhafter, gewandter Schwimmer. Die Fische, die in der Regel mit Ende des 3. Lebensjahres geschlechtsreif werden, laichen von März bis Mai im Flachwasser an überströmten, sandig-kiesigen Stellen mit Wasserpflanzen. Ihre etwa 2–2,5 mm großen Eier (2000–20 000 Stück) haften an Pflanzen, Steinen, Wurzeln oder fallen zu Boden. Das Männchen ist zur Laichzeit am ganzen Körper mit einem feinkörnigen Laichausschlag bedeckt. Nahrung: wirbellose Kleintiere (Anfluginsekten, Insektenlarven, Würmer, Schnecken), Plankton, gelegentlich Pflanzenkost. **Verbreitung:** Europa nördlich der Pyrenäen und Alpen. Fehlt in Schottland, West- und Nordnorwegen, Italien, Spanien sowie im westlichen und südlichen Balkan.

Döbel, Aitel

Leuciscus cephalus

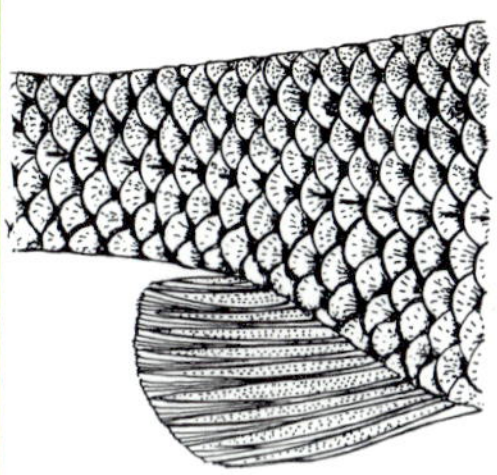

Afterflosse

Cyprinidae, Karpfenfische. **Merkmale:** Langgestreckter, fast drehrunder Körper. Großer, breiter Kopf mit weitem, endständigen Maul. Dunkelgerandete, große Schuppen (netzartige Zeichnung). Grundfärbung silbern, zuweilen mit goldenem Schimmer. Rote Afterflosse nach außen gewölbt (s. Grafik). Bauchflossen rot. Rücken- und Schwanzflosse grau, letztere meist mit rötlichem Anflug. Länge 30–40 cm, max. bis 60 cm. **Lebensraum:** Bevorzugt Fließgewässer der unteren Forellen-, Äschen- und Barbenregion. Seltener in Stillgewässern (Seen) oder im Brackwasser. **Biologie:** Jungtiere zeigen Schwarmverhalten, ältere kapitale Exemplare meist Einzelgänger. In morphologisch beeinträchtigten Forellenbächen Konkurrent der Bachforellen um Nahrung und Standplätze. Laicht von April bis Juni an Steinen und Wasserpflanzen ab. Ernährt sich in der Jugend von wirbellosen Kleintieren, zuweilen auch von pflanzlicher Nahrung. Ältere Döbel gehen mehr und mehr zu einer räuberischen Lebensweise über (Fischlaich und -brut, Jungfische, Amphibien, Krebse). **Verbreitung:** Ganz Europa außer Irland, Nordschottland, Dänemark und Nordskandinavien.

Strömer

Leuciscus souffia

Vom Aussterben bedroht

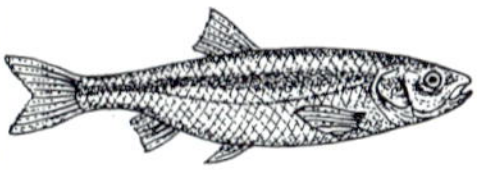

Cyprinidae, Karpfenfische. **Merkmale:** Langgestreckter, fast spindelförmiger Körper. Seiten mit violetter Längsbinde, darunter orange gefärbte Seitenlinie. Ansatzstellen der Flossen orange. Länge 10–25 cm. **Lebensraum:** Naturnahe Fließgewässer der Äschenregion. Nur in Bereichen hoher Tiefenvarianz. Jungfische in flachen Buchten mit sandigem Substrat und langsam fließendem Wasser. Adulte in Gumpen mit seitlich freigespülten Wurzeln der Uferbäume ab 1 m Tiefe. Schattige Gewässerabschnitte werden bevorzugt. **Biologie:** Strömer treten fast immer in kleinen Schwärmen auf. In der Laichzeit von März bis April verstärkt sich die Färbung des violetten Längsbandes und der orangen Seitenlinie. Kiesige Stellen bilden das Laichsubstrat. Die Nahrung besteht aus Würmern, Wasserinsekten, Kleinkrebsen und selten auch aus Jungfischen. Bei der Nahrungssuche springen Strömer mitunter auch nach Flugnahrung. Die Strömerbestände wurden besonders durch den naturfernen Gewässerausbau und die Verschmutzung der Laichgewässer so dezimiert, daß die Art heute sehr gefährdet ist. In Baden-Württemberg erste erfolgreiche Zuchtversuche. **Verbreitung:** Nebengewässer von Oberrhein, Rhone und Donau.

Schneider

Alburnoides bipunctatus

Stark gefährdet

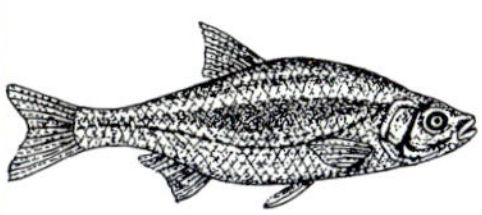

Cyprinidae, Karpfenfische. **Merkmale:** Körper hochrückiger als bei Strömer (s. Grafik). Seitenlinie oben und unten mit schwarzen Punkten gesäumt (Name!). Ansatzstellen der Flossen, insbesondere der Brustflossen, orange. 5–14 cm lang. **Lebensraum:** Naturnahe Fließgewässer der Äschen- und Barbenregion bis 600 m. Adulte im Strömungsschatten am Ende tiefer Gumpen oder vor dem Rücklaufstrom im unteren Abschnitt von Mäanderbiegungen. In morphologisch beeinträchtigten Gewässern unterhalb von Wehren. **Biologie:** Schwarmfisch, der zwischen Mai und Juni in kiesigen Gewässerabschnitten bei mittleren Fließgeschwindigkeiten ablaicht. Schneider vertragen höhere Temperaturen als Bachforellen und Strömer. Bodentiere und auf die Wasseroberfläche fallende Organismen bilden die Nahrung. Schneider sind bezüglich Gewässerausbau und Abwasserbelastung sehr empfindlich. In abwasserbelasteten Gewässern sind die Abwehrkräfte gegen Fischkrankheiten und Parasiten geschwächt. Aufgrund der allgemeinen Verbesserung der Gewässergüte erholen sich in einigen Gebieten die Bestände langsam. **Verbreitung:** Frankreich, Rhein- und Donaueinzugsgebiet.

Elritze

Phoxinus phoxinus

Gefährdet

Cyprinidae, Karpfenfische. **Merkmale:** Körper langgestreckt, fast drehrund. Zum Schwanz hin seitlich zusammengedrückt. Endständiges Maul. Kleine Schuppen. Seitenlinie oft nur bis Körpermitte vollständig ausgebildet. Graugrüne bis braungrüne Grundfärbung, dunklere Querbinden bis Körpermitte. Flanken mit goldenem Glanz. Männchen zur Laichzeit mit roter Unterseite und Laichausschlag (Foto). Flanken dann schwarzbraun mit dunkelgrünem Glanz. Länge 7–15 cm. **Lebensraum:** Klare, sauerstoffreiche Bäche, kleinere Flüsse und Seen; auch Brackwasser (Ostsee). **Biologie:** Oberflächenorientierter Schwarmfisch. In der Laichzeit (April bis Juni) kurzer, bachaufwärts gerichteter Laichzug. Ablage der klebrigen Eier (Durchmesser 1–1,3 mm, 200–1000 Stück) an flachüberströmten, kiesigen Stellen. Frißt Anfluginsekten, Insektenlarven, Kleinkrebse, gelegentlich auch Fischlaich. Für größere Forellen und Saiblinge wichtiger Futterfisch. Durch Abwasserbelastung, Lebensraumzerstörung, Brutbachbewirtschaftung, aber auch durch Gewässerversauerung bedrohte Art. **Verbreitung:** Europa. Fehlt in Nordskandinavien, Schottland, Südspanien, Süditalien.

Gründling

Gobio gobio

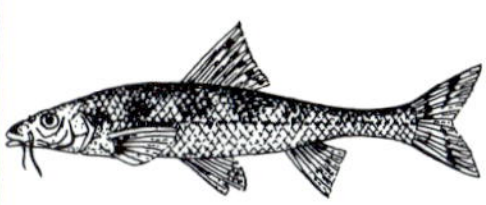

Steingreßling

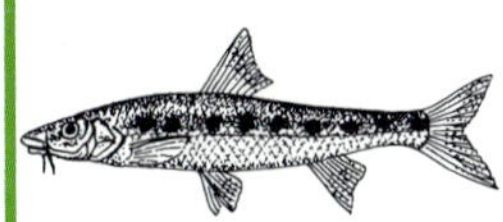

Weißflossiger Gründling

Kesslers Gründling

Cyprinidae, Karpfenfische. **Merkmale:** Körper langgestreckt, fast drehrund. Hinten seitlich etwas zusammengedrückt. Kopf mit unterständigem Maul. Relativ große Augen sowie je ein Bartfaden in den Mundwinkeln. Große Schuppen. Grundfärbung hellgrau bis hellbraun mit bläulich schimmernden dunkleren Flecken. Männchen mit Laichausschlag. Länge 8–20 cm. **Lebensraum:** Bäche, Flüsse und Seen (Uferregion) mit sandig-kiesigem Untergrund. Auch im Brackwasser. **Biologie:** Schwarmbildender Grundfisch. Zur Laichzeit im Mai/Juni wandern die Tiere nur kurze Strecken die Bach- bzw. Flußläufe hinauf, um die Eier (Durchmesser 1,3–1,6 mm, 1000–3000 Stück) im Flachwasser an Steinen, zuweilen auch an Pflanzen abzulegen. Nahrung sind wirbellose Bodentiere, zuweilen Fischlaich. Neben dem Gründling gibt es 3 weitere *Gobio*-Arten (*G. uranoscopus:* Steingreßling, *G. kessleri:* Kesslers Gründling, *G. albipinnatus:* Weißflossiger Gründling; s. Grafiken), die im Donaueinzugsgebiet vorkommen. Während der Steingreßling Donauzuflüsse wie z. B. die Isar bewohnt, gibt es für die 2 anderen Arten keinen sicheren Nachweis für das Gebiet der Bundesrepublik Deutschland. **Verbreitung:** Europa außer Nordskandinavien, Schottland, Südspanien, Süditalien.

Rapfen, Schied

Aspius aspius

Gefährdet

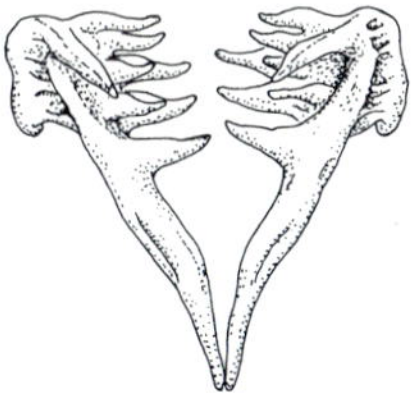

Schlundknochen

Cyprinidae, Karpfenfische. **Merkmale:** Körper spindelförmig, langgestreckt. Kopf spitz; weites, oberständiges Maul. Afterflosse stark eingebuchtet. Silberfarben mit bläulichem bis gelblichem Glanz. Länge: 50–100 cm. **Lebensraum:** Rasch strömende, größere Fließgewässer mit Kiesgrund. Auch in größeren Seen sowie im Brackwasser. **Biologie:** Räuber, der in Flüssen oft am Rande starker Strömungen und Wirbel steht. In stehenden Gewässern im Freiwasser; während der Sommermonate in Oberflächennähe, in der kalten Jahreszeit in tieferen Wasserschichten. Als Jungfisch gesellig lebend. Alttiere sind Einzelgänger. Laichzeit zwischen April und Juni. Ablage der klebrigen Eier (Durchmesser 1,3–1,5 mm, 50000–300000 Stück) in stark strömendem Wasser über Kiesgrund. Larven leben im Kieslückensystem, um nach dem Freischwimmen Aufwuchsorganismen und winzige Wirbellose aufzunehmen; später Anfluginsekten und Fischbrut. Erwachsene Tiere fressen überwiegend Fische, gelegentlich Frösche, junge Wasservögel und Kleinsäuger. Der Rapfen gehört zu den gefährdeten Fischarten. Gefährdungsursachen sind im Gewässerausbau begründet (Zerstückelung der Fließstrecken durch Wehre, Beseitigung von Kiesbänken) sowie in der Abwasserbelastung (Verschlammung der Laichgründe). **Verbreitung:** Vom Rhein über das Elbegebiet bis zum Ural. Donauraum, Kaspisches und Schwarzes Meer, Südskandinavien, Ostseezuflüsse.

Schleie

Tinca tinca

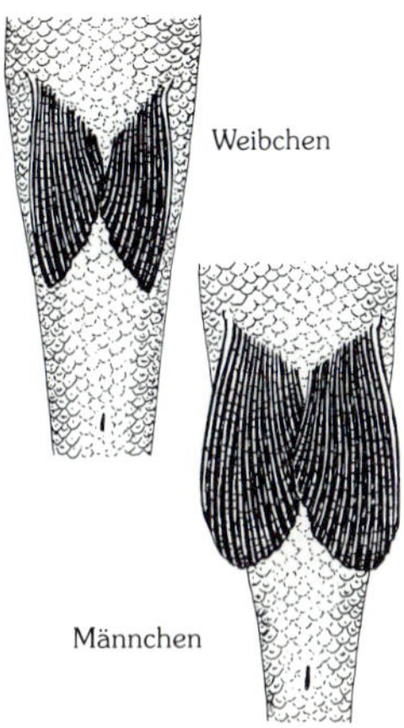

Cyprinidae, Karpfenfische. **Merkmale:** Körper gedrungen; kleine Schuppen. Endständiges Maul mit Barteln. Färbung: dunkel- bis olivgrün mit Messingglanz. Bauchflossen beim Männchen größer, kräftiger (s. Grafik). Länge 20–40 cm, max. 60 cm. **Lebensraum:** Stehende und langsam fließende Gewässer (Teiche, Weiher, Altwasser, ruhige Fluß- und Strombuchten), vorzugsweise mit reichen Pflanzenbeständen und Schlammgrund. **Biologie:** Bodenorientierte, nachtaktive Art. Tagsüber zurückgezogen zwischen Pflanzen. Überwintert im Bodenschlamm der Gewässer. Widerstandsfähig gegen geringen Sauerstoffgehalt des Wassers. Laichzeit Mai bis August. Eiablage im Flachwasser an Pflanzen. Larven hängen mittels Klebedrüsen an Pflanzen. Frißt wirbellose Bodentiere und Pflanzen. Nicht gefährdete Art; durch Besatz überall gut vertreten. **Verbreitung:** Europa bis Sibirien. Fehlt in Nordskandinavien, Nordschottland, Island und Dalmatien.

Nase

Chondrostoma nasus

Stark gefährdet

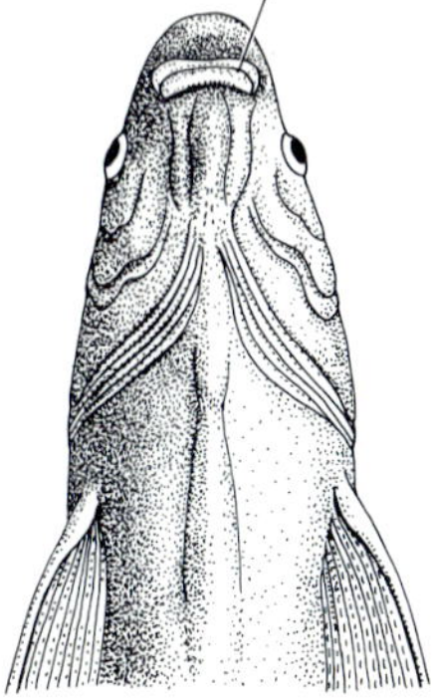

Cyprinidae, Karpfenfische. **Merkmale:** Körper langgestreckt; seitlich abgeflacht. Maul weit unterständig mit stark verhornten, scharfkantigen Lippen (s. Grafik). Alle Flossen außer Rückenflosse rötlich. Länge 30–50 cm, max. 60 cm. **Lebensraum:** Bodenfisch der Fließgewässer im Bereich der unteren Äschen- und Barbenregion. Hier bevorzugen sie schnell fließende Flachwasserstrecken mit sandig-kiesigem Grund. **Biologie:** Nasen leben in Gruppen. Zur Laichzeit (März bis April) bilden sich Laichschwärme, welche zu traditionellen Laichplätzen im Bereich einmündender Bäche aufsteigen. In flachem, schnell fließendem Wasser über Kiesgrund werden pro Weibchen 20000–100000 Eier abgegeben, die am Kies festkleben. Überwinterung in tiefen strömungsberuhigten Bereichen. Die Nahrung besteht aus Aufwuchs (Algenwatten und darin lebende Kleintiere), die sie mit der verhornten Unterlippe abschaben. Aufgrund von gewässerbaulichen Maßnahmen, insbesondere der Zerstörung der Laichplätze und der Unterbrechung der Wandermöglichkeiten durch Staue, sind die Bestände der Nasen deutlich zurückgegangen. **Verbreitung:** Mitteleuropa nördlich der Alpen, Rhein und Donaugebiet. Fehlt im Elbgebiet.

Mairenke

Chalcalburnus chalcoides mento

Potentiell gefährdet

Cyprinidae, Karpfenfische. **Merkmale:** Körperbau schlank, seitlich abgeflacht. Vom Ukelei mit ebenfalls oberständigem Maul durch den bei der Mairenke klobig entwickelten Unterkiefer und die größere Zahl an Schuppen (58–68) entlang der Seitenlinie zu trennen. Länge 20–30 cm, max. 40 cm. **Lebensraum:** Schwarmfisch des Freiwassers tiefer, oligotropher Seen. **Biologie:** Die Mairenke ist eine stationäre Unterart der Schemaja. Im Gegensatz zu dieser Wanderform, welche in der unteren Donau vorkommt, bevorzugt die Mairenke stehende Gewässer. Nur zur Laichzeit von Mai (Name!) bis Juni suchen die Mairenken die Zuflüsse ihrer Wohngewässer auf. Hier sowie an flachen, kiesigen Ufern geben die Mairenken pro Weibchen 10000–23000 Eier ab. Die Nahrung besteht normalerweise aus Plankton und Insekten, welche auf die Wasseroberfläche gelangten. Im Sommer ziehen sich die Mairenken in tiefere (kältere) Wasserschichten zurück. Die seltene Art ist durch die Eutrophierung ihrer Wohngewässer gefährdet. **Verbreitung:** Oberbayerische und oberösterreichische Seen im Donaugebiet (Ammer-, Atter-, Chiem-, Grundl-, Mond-, Sims-, Starnberger-, Tachen-, Traun-, Wolfgang- und Würmsee).

Barbe

Barbus barbus

Stark gefährdet

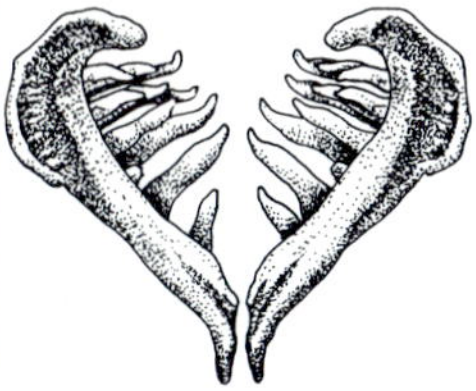

Schlundknochen

Cyprinidae, Karpfenfische. **Merkmale:** Körper langgestreckt, schlank. Bauch leicht abgeplattet. Unterständiges Maul, fleischige Lippen mit 4 Bartfäden am Oberkiefer (s. unteres Foto). Erster Strahl der Rückenflosse verknöchert und am Hinterrand gesägt. Körper bräunlich bis grünlich, an den Seiten mit goldenem Schimmer. Flossen gräulich mit rötlichem Anflug. Männchen mit Laichausschlag. Länge 30–50 cm, max. 90 cm. **Lebensraum:** Mittellauf klarer, sauerstoffreicher Fließgewässer mit kiesig-sandigem Grund (sog. Barbenregion). Jedoch häufig auch in der Äschen- und Brachsenregion anzutreffen. **Biologie:** Die gesellig lebende Barbe ist Leitfisch der Barbenregion. Als dämmerungs- bzw. nachtaktiver Bodenfisch hält sie sich tagsüber meist in Unterständen versteckt (Brückenpfeiler, Wehre, Gumpenauslauf von Schwellen, Mühlschüsse). Mit Einbruch der Dämmerung begeben sich die Barben in größeren Trupps auf Nahrungssuche. In der wärmeren Jahreszeit sind die Tiere recht bewegungsaktiv und wechseln mehrfach die Freßplätze, die im Flachwasser und in tieferen Strömungsrinnen liegen. Zur Winterruhe finden sich die Barben in größeren Scharen an tieferen, beruhigteren Standorten (Strömungsbuchten, Altwässer, Stillwasserbezirke) ein. Erst mit Erwärmung des Wassers im Frühjahr werden sie wieder aktiver. Zur Laichzeit (Mai bis Juli) ziehen die Tiere zu großen Schwärmen vereint flußaufwärts. Die Abgabe der leicht klebrigen Eier (Durchmesser 2 mm, 3000–9000 Stück) erfolgt meist im Schwarm an flachen, kiesigen Stellen. Die Brutzeit beträgt 10–15 Tage. Die lichtscheuen Larven verbleiben zunächst noch im Kieslückensystem und zehren vom Dottersack. Mit einer Länge von 10–14 mm nehmen sie die erste Nahrung auf, die aus festsitzenden Planktonorganismen und winzigen Formen von Bodentieren besteht. Erwachsene Barben fressen u. a. Würmer, Insektenlarven, Schnecken, Muscheln, zuweilen auch Pflanzenteile. Früher besaß diese Fischart eine gewisse wirtschaftliche Bedeutung, da ihr Fleisch wohlschmeckend ist. Vor dem Verzehr des Rogens muß jedoch gewarnt werden, da er giftig ist und Übelkeit und Brechdurchfall hervorruft. Die Barbenbestände sind sehr stark zurückgegangen, da diese Art vor allem durch gewässerbauliche Maßnahmen ihrer natürlichen Umwelt beraubt wurde. **Verbreitung:** Mitteleuropa nördlich der Alpen und der Pyrenäen bis zum Schwarzmeergebiet. Fehlt in Skandinavien, Dänemark, Irland, Schottland und in großen Teilen Englands.

Brachsen, Blei

Abramis brama

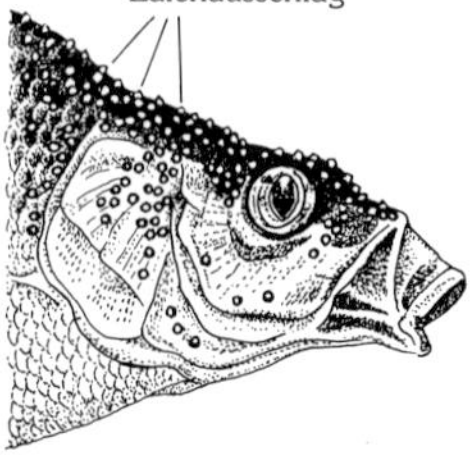

Cyprinidae, Karpfenfische. **Merkmale:** Körper hochrückig, seitlich stark zusammengedrückt. Basis der Afterflosse ist doppelt so lang wie die Rückenflossenbasis. Maul rüsselartig, vorstülpbar (s. Grafik). Augendurchmesser kleiner als Mundspalte. Rücken bleigrau; Flanken heller, metallisch glänzend. Brust- und Bauchflossen hellgrau, restliche Flossen dunkelgrau. Männchen in der Laichzeit mit einem grobkörnigen Laichausschlag (s. Foto unten). Verwechslung mit der Blicke möglich. Diese weist aber einen größeren Augendurchmesser und paarige Flossen mit rötlicher Ansatzstelle auf. Länge 30–40 cm, max. bis 75 cm. **Lebensraum:** Langsam fließende Flüsse und Ströme mit Altwasserbereichen (sog. Brachsenregion) sowie Stillgewässer (nährstoffreiche Seen, sog. Brachsenseen) vorwiegend mit feingründigem, schlammigem Substrat. Auch im Brackwasser, bevorzugt im Mündungsbereich von Fließgewässern. **Biologie:** Leitfisch der Brachsenregion. Bodenorientierte, meist in Schwärmen lebende Art. Jungtiere halten sich in der vegetationsreichen Uferregion auf. Ältere bevorzugen tiefere Stellen und kommen nur nachts in flachere Gewässerzonen zur Nahrungsaufnahme. Dazu durchsuchen die Fische fast senkrecht mit dem Kopf nach unten stehend den Bodengrund mittels ihres rüsselartig vorstülpbaren Maules nach Nahrung und hinterlassen mehrere Zentimeter tiefe Fraßtrichter. Die Nahrung besteht aus Würmern, Insektenlarven, Schnecken, Muscheln und Kleinkrebsen. Die Laichzeit fällt in die Monate Mai und Juni. An flachen Uferstellen setzen die Fische die Eier (Durchmesser 1,6–2 mm, 200 000–300 000 Stück) im Schwarm an Pflanzen ab. Nach 3–10 Tagen schlüpfen die Larven, die mittels eines klebrigen Sekrets an Wasserpflanzen haften. Einige Tage später beginnen sie mit der Nahrungsaufnahme und fressen z. B. Räder- und Pantoffeltierchen, einzellige Algen, Naupliuslarven, später u. a. Hüpferlinge, Wasserflöhe und Insektenlarven. Brachsen neigen zur Massenvermehrung, was in überbevölkerten Gewässern schließlich zu Zwergwuchs (Verbuttung) führt. In den Wintermonaten ziehen sich die Fische an geschützte und tiefe Stellen (Altwässer, Fluß- und Strombuchten) in das sog. Winterlager zurück. Sie stehen dort oft in großen Schwärmen knapp über dem Boden und warten das Frühjahr ab. **Verbreitung:** Europa nördlich der Alpen und Pyrenäen. Nicht in Nordschottland, Nordskandinavien, West- und Südbalkan.

Blicke, Güster
Blicca bjoerkna

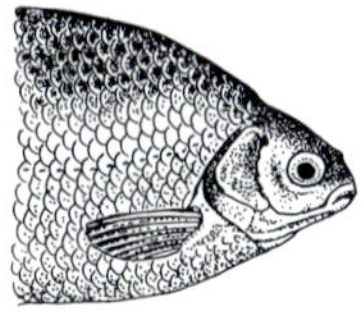

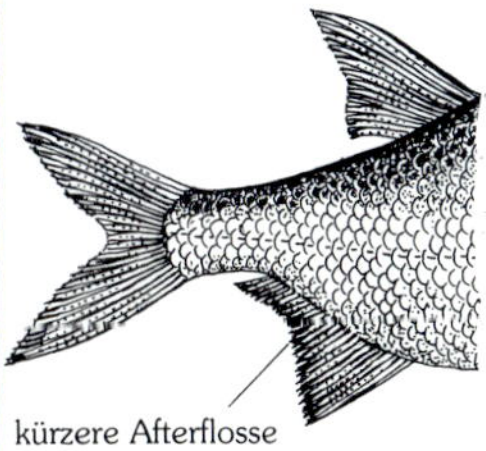

Cyprinidae, Karpfenfische. **Merkmale:** Körper hochrückig, seitlich stark abgeflacht. Die zurückgelegten Brustflossen reichen in der Regel nicht bis zum Ansatz der Bauchflossen. Kürzere Afterflosse als Zobel und Brachsen. Deutlich größeres Auge als der ähnliche Brachsen (s. Grafik). Silbrige Grundfärbung. Ansatzstellen der paarigen Flossen rötlich. Länge 20–35 cm. **Lebensraum:** Träge strömende, größere Fließgewässer (Brachsenregion) und Stillgewässer mit weichem Bodengrund. Auch im Brackwasser anzutreffen. **Biologie:** Die Blicke führt ähnlich wie der Brachsen eine eher bodenorientierte Lebensweise. Meist trifft man diese Fischart in Ufernähe an. Die Tiere leben im Schwarm und kommen häufig mit dem Brachsen vergesellschaftet vor. Bezüglich Wasserqualität und Gewässerstruktur keine großen Ansprüche; selbst in abwasserbelasteten und ausgebauten Flußstrecken oft massenhaft. Mit anderen Fischarten (z. B. Brachsen, Karpfen) treten sie in Nahrungskonkurrenz, da sie ein sehr ähnliches Freßverhalten und Nahrungsspektrum aufweisen wie diese. Blicken laichen meist im Schwarm von Mai bis Juni im flacheren Wasser an Wasserpflanzen ab. Je Weibchen kann mit etwa 100 000 Eiern gerechnet werden. **Verbreitung:** Europa nördlich der Alpen und Pyrenäen bis Ural. Fehlt in Nordskandinavien und Teilen der Britischen Inseln.

Zobel
Abramis sapa

Gefährdet

Cyprinidae, Karpfenfische. **Merkmale:** Körper seitlich stark zusammengedrückt mit stumpfer Schnauze (s. Grafik). Jedoch nicht so hochrückig und längere Afterflosse (41–48 Strahlen) als Blicke und Brachsen (s. Grafik). Hellsilbern bis weißlich gefärbt. Männchen mit Laichausschlag. Länge 15–20 cm, max. 35 cm. **Lebensraum:** Träge strömende Fließgewässer (z. B. Donau, Wolga), Seen sowie im Brackwasser (u. a. Schwarzes Meer, Kaspisee). **Biologie:** Man unterscheidet stationäre Süßwasserpopulationen und anadrome Brackwasserpopulationen. Letztere ziehen zur Laichzeit (April/Mai) die Zuflüsse hinauf, um in pflanzenreichen Uferzonen im Flachwasser abzulaichen. Bis zu 100 000 Eier (Durchmesser 2 mm) werden je Weibchen abgesetzt. Nahrung sind wirbellose Kleintiere. Die Schuppen benutzte man früher als Grundstoff zur Herstellung künstlicher Perlen. Aufgrund von Gewässerverschmutzung und Gewässerausbau sind die Bestände stark rückläufig. **Verbreitung:** Donau bis Ural. Schwarzes, Assowsches und Kaspisches Meer.

Zope

Abramis ballerus

Gefährdet

Cyprinidae, Karpfenfische. **Merkmale:** Körper hochrückig, seitlich stark abgeflacht. 65–73 kleine Schuppen entlang der Seitenlinie. Die Afterflosse mit 39–46 Strahlen. Schnauze zugespitzt, Maul endständig, leicht nach oben gerichtet. Länge 20–30 cm, max. 45 cm. **Lebensraum:** Freiwasserform der langsamfließenden Flachlandgewässer, Flußseen und selten der Brackwasserzone. **Biologie:** Zur Laichzeit im April/Mai wandern die Zopen flußaufwärts, um in Gruppen zwischen flachen, durchströmten Wasserpflanzenbeständen oder überschwemmten Landpflanzen pro Weibchen 4000–25 000 klebrige, an den Pflanzen haftende Eier abzugeben. Die Nahrung besteht im Fluß überwiegend aus Planktonkrebsen und Insektenlarven. Im Winter bei geringem Zooplanktonangebot ziehen sich die Zopen in tiefe Bereiche der Gewässer zurück. Die stark rückläufige Bestandsentwicklung läßt sich auf die Reduktion geeigneter Laichgebiete durch Gewässerausbau und die schlechte Gewässergüte besonders der Gewässerunterläufe zurückführen. **Verbreitung:** Unterläufe von Weser und Elbe sowie Ostseezuflüsse und Zuflüsse des Schwarzen und Kaspischen Meeres.

Zährte

Vimba vimba

Stark gefährdet

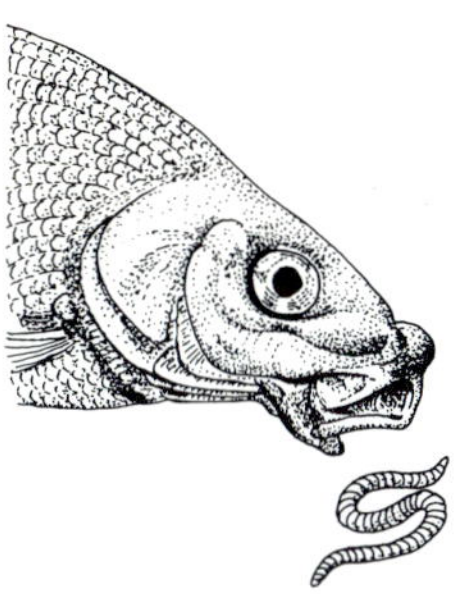

Cyprinidae, Karpfenfische. **Merkmale:** Wie die Nase hat auch die Zährte (=Rußnase) eine auffällige hervorstehende Schnauze und ein unterständiges Maul (s. Grafik). Im Gegensatz zur Nase fehlen der Zährte die scharfen, steifen Hornlippen. Die Afterflosse ist bei der Zährte doppelt so lang (20–25 Strahlen). Länge 20–40 cm, max. 60 cm. Männchen zur Laichzeit schwarz, mit orangem Bauch. **Lebensraum:** Am Gewässergrund langsamströmender Flüsse und Ströme der Brachsen- bis Kaulbarschregion; Voralpenseen = Steinrüßling (eigene Art?); Wanderformen im Brackwasser. **Biologie:** Gesellige Art, die zur Laichzeit von Mai bis Juli in Schwärmen weite flußaufwärts gerichtete Wanderungen durchführt. Trotz des Grätenreichtums wurden die Zährten wegen des guten Geschmacks während dieser Wanderungen massenhaft gefangen. Die Eiablage erfolgt nachts in strömendem Flachwasser. Pro Weibchen werden dabei je nach Rasse 25 000–300 000 klebrige Eier abgelegt, die am Kies und an Wasserpflanzen haften. Vom Boden aufgenommene Würmer, Insektenlarven und Schnecken bilden die Nahrung. **Verbreitung:** Elbe, Ems, Weser, Ostseezuflüsse, Zuflüsse zum Schwarzen Meer (Donau) und Kaspischen Meer.

Bitterling

Rhodeus sericeus amarus

Stark gefährdet

Cyprinidae, Karpfenfische. **Merkmale:** Körper hochrückig, seitlich zusammengedrückt. Kleines, endständiges Maul. Seitenlinie erstreckt sich über 5–6 Schuppen. Silbrigrosa gefärbt; blaugrüne Längsbinde von der Schwanzwurzel bis Körpermitte. Zur Laichzeit Männchen regenbogenfarben schillernd, untere Körperpartien rötlich; mit Laichausschlag auf der Schnauze. Weibchen zur Laichzeit mit einer bis zu mehrere Zentimeter langen Legeröhre (Foto unten). Länge 5–9 cm. **Lebensraum:** Pflanzenbestandene Uferregion stehender und langsam fließender Gewässer mit sandigem bis schlammigem Grund (Teiche, Weiher, Seen, Altwasser, ruhige Fluß- und Strombuchten in der Brachsenregion). **Biologie:** Gesellig lebende Kleinfischart, die zur Fortpflanzung Muscheln (*Unio*-Arten: Maler-, Teichmuschel) benötigt. In der Laichzeit (April bis Juni) führt das Männchen ein Weibchen zu einer ausgewählten Muschel, die gegen konkurrierende Paare verteidigt wird. Mittels der Legeröhre, welche das Weibchen in die Ausströmungsöffnung der Muschel einführt, werden bei dem sich mehrmals wiederholenden Laichvorgang jeweils 1–2 Eier (Durchmesser 3 mm) zwischen den Muschelkiemenlamellen plaziert (s. Grafik). Anschließend gibt das Männchen über der Einströmungsöffnung der Muschel seinen Samen ab, der über den Wasserstrom zu den Eiern gespült wird. Pro Laichperiode legen die Weibchen 40–100 Eier ab. Im Kiemenraum der Muschel findet die Entwicklung der Embryonen statt. Hierdurch wird die Muschel in keiner Weise geschädigt, der Kiemenraum der Muschel fungiert quasi als Brutraum. Nach 2–3 Wochen schlüpfen die Fischlarven, um etwas später als schwimmfähige Brut die Muschel zu verlassen. Die dann etwa 10 mm großen Larven ernähren sich zunächst von winzigen Planktonorganismen. Sind die Tiere herangewachsen, fressen sie wirbellose Kleintiere und Algen. Der Bitterling zählt zu den stark gefährdeten Fischarten. Das Zurückgehen von Muschelbeständen durch die Gewässerverschmutzung ist einer der Gründe hierfür. Falsch verstandene Gewässerpflege (Ausbaggerungen, Zulassen rascher Verlandung) zerstören die Lebensräume ebenfalls. Eine weitere Gefährdung der einheimischen Bitterlingsbestände sowie eine Faunenverfälschung kann durch Besatzmaßnahmen mit den immer häufiger im Zoohandel angebotenen ostasiatischen Bitterlingen gegeben sein. **Verbreitung:** Europa nördlich der Alpen und Pyrenäen. Nicht in Nordeuropa.

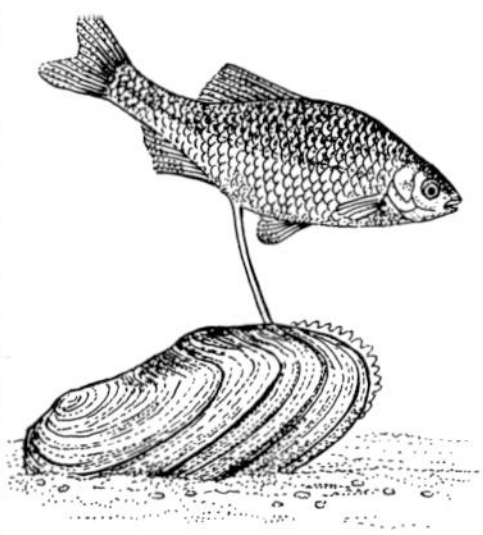

Eiablage

Karausche

Carassius carassius

Gefährdet

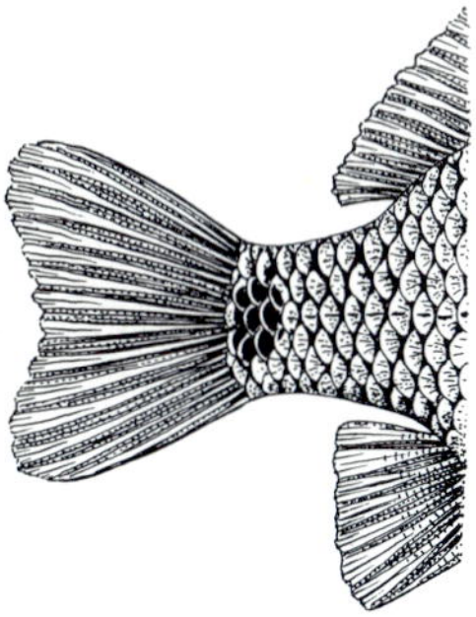

dunkler Fleck
auf dem Schwanzstiel

Cyprinidae, Karpfenfische. **Merkmale:** Gedrungener, hochrückiger und seitlich zusammengedrückter Körper. Maul endständig ohne Bartfäden. Hohe, lange Rückenflosse. Seitenlinie erstreckt sich über 35–48 Schuppen. Grundfärbung messingfarben bis bronzebraun; meist mit dunklem Fleck auf dem Schwanzstiel (s. Grafik). Länge 15–25 cm, max. 50 cm. **Lebensraum:** Stehende und träge fließende, pflanzenreiche Gewässer jeder Art (Tümpel, Gräben, Moorgewässer, Weiher, Seen, Altarme). Kalte, schnell fließende Gewässer werden gemieden. Auch im Brackwasser. **Biologie:** Bodenorientierte und verborgene Lebensweise, meist im Schutz von Wasserpflanzen. Äußerst anpassungsfähiger und zählebiger Fisch, der selbst starker Verschlammung sowie geringstem Sauerstoffgehalt der Wohngewässer widersteht. Die Austrocknung der Wohngewässer und die Wintermonate übersteht er durch Eingraben in den Bodenschlamm. Die Laichzeit fällt in die Monate Mai und Juni. Eiablage an Wasserpflanzen. Pro Weibchen ergeben sich 100 000–300 000 klebrige, orangefarbene Eier (Durchmesser 1–1,4 mm). Karauschen sind Allesfresser (wirbellose Kleintiere, Pflanzenkost, bei Nahrungsmangel auch der eigene Nachwuchs). Die Art ist gefährdet, u. a. auch durch die zunehmende Ausbreitung des Giebels. **Verbreitung:** Ursprünglich Osteuropa und Asien. Heute auch in Mittel- sowie Teilen West- und Nordeuropas.

Giebel

Carassius auratus gibelio

Cyprinidae, Karpfenfische. **Merkmale:** Körperform wie Karausche, jedoch mit eingebuchteter Rückenflosse. Schwarzpigmentiertes Bauchfell. Seitenlinie erstreckt sich über max. 35 Schuppen. Färbung graugelb bis silbergelb. Länge 15–25 cm, max. 45 cm. **Lebensraum:** Stammt aus Ostasien. Bei uns in stehenden und langsam fließenden, meist pflanzenreichen Gewässern mit feinsandigem bis schlammigem Bodengrund. **Biologie:** In Lebensweise sowie Widerstandsfähigkeit der Karausche sehr ähnlich. In Populationen ohne Männchen halten sich laichbereite Weibchen zwischen anderen laichenden Karpfenfischen (Karausche, Karpfen) auf und geben ihre Eier ab. Diese werden durch den Fremdsamen zur Entwicklung angeregt, aber nicht befruchtet (sog. Gynogenese). Darum besteht der Nachwuchs nur aus Weibchen. Die Tiere sind Allesfresser. Verbreitung nicht weiter erwünscht, da starker Konkurrent der Karausche. **Verbreitung:** Ostasien, Ost-, Mittel-, Nordeuropa.

Goldfisch

Carassius auratus auratus

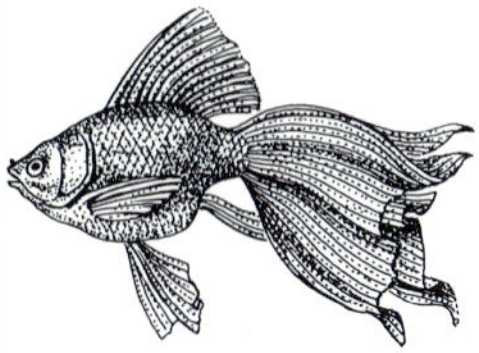

Schleierschwanz (Zuchtform)

Cyprinidae, Karpfenfische. **Merkmale:** Körperbau der Wildform wie Giebel; keine Bartfäden; Bauchfell schwarz gefärbt; mehrere Farbschläge: orangerot, gelb, weiß oder schwarz gescheckt; Wildform gräulich bis hellbraun. Durch intensive Zuchttierauswahl entstanden eine Vielzahl von Varietäten, die sich in Form und Farbe unterscheiden (u. a. Schleierschwanz – s. Grafik, Teleskopauge, Löwenkopf, Gänsekopf, Himmelsgukker). Länge 10–45 cm. **Lebensraum:** Stammform lebt in langsam strömenden Fließgewässern und Seen Chinas. Bei uns in viele stehende und träge fließende Gewässer ausgesetzt. **Biologie:** Gemeinsam mit dem Giebel stammt der Goldfisch von einem Karpfenfisch ab, der in China »Chi« genannt und als Speisefisch gefangen wird. Im 17. Jahrhundert vermutlich von englischen Seefahrern nach Europa gebracht. Früher auf Schloß-, Park- und Gartenteiche beschränkt; heute selbst in Naturgewässern. Da er recht anspruchslos ist und besonders in verkrauteten Gewässern zur Massenvermehrung neigt, werden wirbellose Wassertiere und andere Fischarten mit ähnlicher Lebensweise (z. B. Karausche) zurückgedrängt. Deshalb ist eine weitere Verbreitung dieser Art in Naturgewässern aus ökologischen Erwägungen nicht wünschenswert. Goldfische laichen von April bis Juni bei Wassertemperaturen von 18–22 °C an Pflanzen ab. Ihre auffällige Farbe zeigen die zunächst gräulich bis olivbräunlich gefärbten Jungfische erst nach einigen Monaten. Ernährung siehe Karausche. **Verbreitung:** Heimat ist China. Als Zierfisch heute fast weltweit verbreitet.

Blaubandbärbling

Pseudorasbora parva

Cyprinidae, Karpfenfische. **Merkmale:** Körper langgestreckt, schwach hochrückig. Kopf oben abgeflacht; mit auffällig oberständigem Maul. Flanken silbern, mit bläulichem Band. Länge 5–10 cm. **Lebensraum:** Uferzone stehender und fließender Gewässer besonders zwischen Wasserpflanzen. **Biologie:** Ursprünglich aus Asien stammende Fischart, die in Rumänien versuchsweise als Raubfischfutter eingebürgert wurde. Durch gemischte Besatzlieferungen wurde der Blaubandbärbling seit den 80er Jahren unbeabsichtigt nach Westeuropa verschleppt. Aus fischereilichen und ökologischen Gründen ist eine weitere Verbreitung unerwünscht. **Verbreitung:** Ursprünglich in Asien. In Baden-Württemberg heute stabile Populationen in Teichwirtschaften sowie im Einzugsgebiet von Rhein und Neckar.

Karpfen

Cyprinus carpio

Stark gefährdet (Wildform)

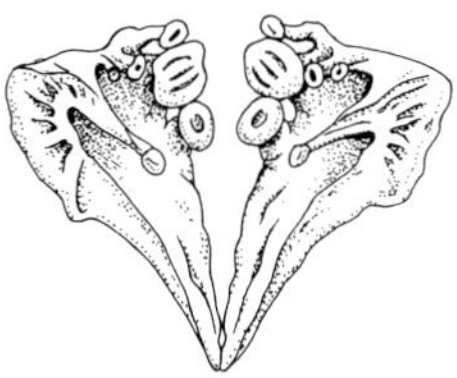

Schlundknochen

Cyprinidae, Karpfenfische. **Merkmale:** Körper der Stammform (Wildkarpfen, oberes Foto) gestreckt, seitlich etwas zusammengedrückt und vollständig beschuppt. Die Zuchtformen sind hochrückiger und gedrungener. Je nach Beschuppung unterscheidet man 4 Zuchtformen: 1. Der hochrückige Schuppenkarpfen, der ein vollständiges Schuppenkleid besitzt, wird oft irrtümlich als Wildkarpfen bezeichnet. 2. Zeilkarpfen (unteres Foto) besitzen eine oder mehrere Zeilen von etwa gleichgroßen Schuppen meist entlang der Seitenlinie oder am Rücken. 3. Beim Spiegelkarpfen (mittleres Foto) sind die sog. Spiegelschuppen unregelmäßig über den ganzen Körper verteilt. 4. Der Nackt- bzw. Lederkarpfen ist unbeschuppt oder weist nur einzelne Schuppen auf. Karpfen haben ein endständiges, rüsselartig vorstülpbares Maul sowie 4 Barteln am Oberkiefer. Färbung braungrün bis bräunlich-silbern. Flossen graugrün, bläulich bis rötlich. Länge 40–50 cm, max. 120 cm. **Lebensraum:** Langsam fließende sowie stehende, meist vegetationsreiche und weichgründige Gewässer (Altwasser, Überschwemmungsgebiete, ruhige Strom- und Flußbuchten, Weiher, Teiche, Seen). **Biologie:** Der scheue Fisch lebt tagsüber meist zurückgezogen im Schutz von Wasserpflanzen. Nachts durchwühlt er den Boden bis in eine Tiefe von 10 cm nach wirbellosen Kleintieren und Pflanzenteilen. Er wagt sich auch in das Oberflächenwasser der Uferzone, wo er mit schmatzenden Geräuschen alles Freßbare (Algen, Plankton, Anfluginsekten, selbst Fischbrut) aufnimmt. Gegenüber Wasserverschmutzung und Sauerstoffarmut ist der Karpfen recht unempfindlich, weswegen man ihn auch in Abwasserfischteichen einsetzt. In der Laichzeit (Mai bis Juli) erfolgt bei Wassertemperaturen von 18–20 °C die Ablage der Eier (200 000–300 000/kg Körpergewicht) im Flachwasser an Pflanzen. Die nach 3–5 Tagen schlüpfenden Larven hängen zunächst mittels Klebdrüsen 1–3 Tage an Pflanzen. Nach dieser Ruhephase schrauben sie sich zur Oberfläche, um die Schwimmblase mit Luft zu füllen. Die schwimmfähige Brut nimmt alsbald Rädertiere, einzellige Algen und Kleinkrebse auf, um später auf größere wirbellose Bodentiere zurückzugreifen. Die Wildform des Karpfens ist heute stark gefährdet, weswegen man u. a. im Oberrheingebiet Ansiedlungsversuche und die Ausweisung von Schutzgebieten vornimmt. **Verbreitung:** Ursprünglich im warm-gemäßigten Asien, heute weltweit in Fischzuchten und verwildert.

Graskarpfen

Ctenopharyngodon idella

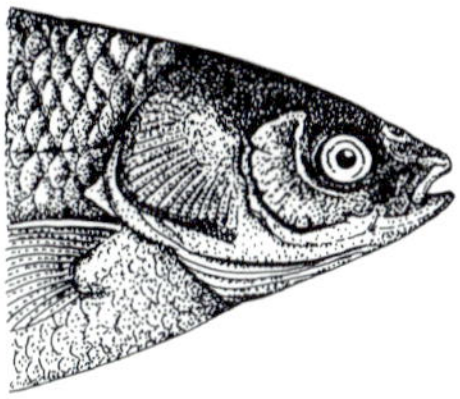

Cyprinidae, Karpfenfische. **Merkmale:** Körperform spindelförmig; ähnlich Döbel, aber mit breitem, oben und unten abgeflachten Kopf (s. Grafik). Große Schuppen mit dunklem Rand. Länge bis 1 m. **Lebensraum:** In China in großen Strömen und deren stehenden Seitengewässern bei Temperaturen um 25 °C. **Biologie:** Anfang der 70er Jahre in Europa zur Regulierung der aufgrund der Eutrophierung stark wachsenden Wasserpflanzenbestände in Seen und Weihern ausgesetzt. Bei den hier herrschenden Temperaturen ist eine Vermehrung unmöglich. Die Nahrung besteht überwiegend aus Wasserpflanzen. An einem Tag können bis zu 120% des Körpergewichtes (bis 60 kg) gefressen werden. In einigen als Naturschutzgebiete gesicherten Gewässern haben illegal eingesetzte Graskarpfen Bestände seltener Wasserpflanzen vernichtet. Unter 15 °C Wassertemperatur wird die Nahrungsaufnahme eingestellt. Aus ökologischen Gründen sollte die weitere Verbreitung dieser Art fischereilich unterbunden werden. **Verbreitung:** Heimat Ostasien.

Silberkarpfen

Hypophthalmichthys molitrix

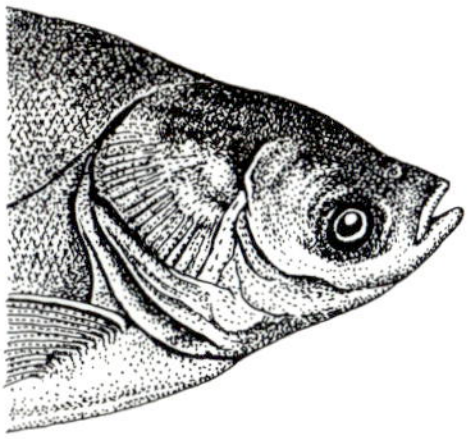

Cyprinidae, Karpfenfische. **Merkmale:** Silbergrauer Fisch mit kleinen Schuppen. Maulspalte groß; oberständig (s. Grafik). Augen liegen unterhalb der halben Kopfhöhe. Bauchkante kielförmig. Länge bis 1 m. **Lebensraum:** Wie Graskarpfen. **Biologie:** Die Vermehrung ist in Mitteleuropa unter natürlichen Bedingungen nicht möglich. In den Heimatflüssen in China laichen die Silberkarpfen ins freie Wasser ab. Die Eier schweben und treiben bis zum Schlüpfen der Larven flußabwärts. Algen, welche mit dem Kiemenreusenapparat aus dem Wasser gefiltert werden, dienen als Nahrungsgrundlage. **Verbreitung:** Heimat Ostasien.

Marmorkarpfen

Hypophthalmichthys nobilis

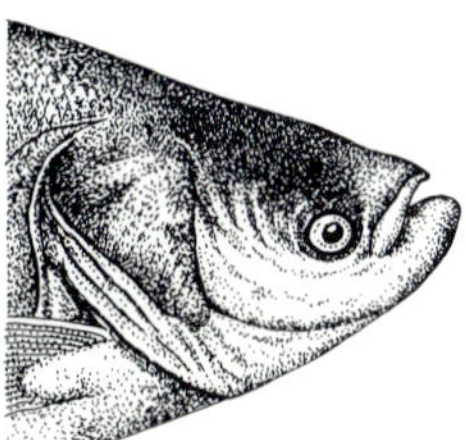

Cyprinidae, Karpfenfische. **Merkmale:** Färbung braungrün. Hochrückiger als Silberkarpfen; auffällig großer Kopf (s. Grafik). Oberständiges großes Maul. Der Bauchkiel reicht im Gegensatz zum Silberkarpfen nur von den Bauchflossen bis zur Afterflosse. **Lebensraum:** Wie Graskarpfen. **Biologie:** Über die Biologie ist nur wenig bekannt. In Mitteleuropa ist eine Vermehrung nur in der Zucht unter künstlichen Bedingungen möglich. Mit der Verbreitung der Marmorkarpfen sowie der vorgenannten Arten wurden neue, bisher unbekannte Fischkrankheiten nach Mitteleuropa eingeschleppt. Nahrung sind größere Planktonalgen und Zooplankton. **Verbreitung:** Heimat Ostasien.

Schlamm-peitzger

Misgurnus fossilis

Stark gefährdet

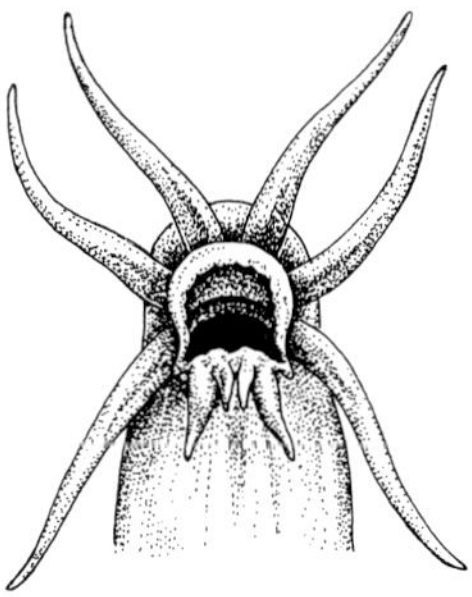

Cobitidae, Schmerlen. **Merkmale:** Körper langgestreckt, drehrund. Hinten seitlich zusammengedrückt. Kleines, unterständiges Maul mit 6 Bartfäden am Oberkiefer, 4 am Unterkiefer (s. Foto unten und Grafik). Schleimige Haut, sehr kleine Schuppen. Seitenlinie fast völlig reduziert. Körper gelbbraun bis lehmbraun, mit dunkelbraunen Längsstreifen sowie Tupfen und Flekken. Bauch orangegelb. Erwachsene Tiere zeigen deutliche Geschlechtsunterschiede (Geschlechtsdimorphismus). Brustflossen des Männchens um etwa ⅓ länger und spitzer als beim Weibchen. Ähnlich verhält es sich mit den Bauchflossen. Männchen haben auf der Mittellinie der Flanken einen Hautwulst aus Fettgewebe, der manchmal auffallend gelb gefärbt und besonders zur Laichzeit gut ausgeprägt ist. Länge 15–30 cm. **Lebensraum:** Pflanzenreiche Stillgewässer (Tümpel, Weiher) sowie Uferzonen, Altwasser und Überschwemmungsflächen von Flüssen der Brachsenregion mit Schlammablagerungen. Auch in langsam fließenden Wiesengräben und -bächen. **Biologie:** Nachtaktiver, stationärer Bodenfisch. Tagsüber bodennah zwischen Wasserpflanzen, Wurzeln oder im Schlamm verborgen. An die eutrophen Verhältnisse seiner Wohngewässer hervorragend angepaßt. Bis zu ⅔ des Sauerstoffbedarfs können mittels Hautatmung gedeckt werden. Großen Sauerstoffmangel im Gewässer kann der Schlammpeitzger durch Luftschlucken in den blutgefäßreichen Darm (dort Gasaustausch) überbrücken. Die verbrauchte Luft wird über den After ausgestoßen. Ein Trockenfallen des Wohngewässers überstehen die Tiere mehrere Monate bis zu 75 cm tief in den Bodengrund eingegraben; ebenso die Ruhephase im Winter. Zur Laichzeit (April bis Juni) werden die stark klebenden, bräunlichen Eier (Durchmesser 1,3–1,5 mm, bis 150 000 Stück) an Wasserpflanzen abgelegt. Die Larven besitzen fadenförmige, äußere Kiemen. Wie alle Schmerlen werden die Fische bei Veränderungen des Luftdruckes (z. B. vor Gewittern) auch am Tag unruhig. Man nennt den Schlammpeitzger deswegen auch »Wetterfisch«. Die Nahrung bilden u. a. Wasserasseln, Bachflohkrebse, kleine Würmer und andere wirbellose Bodentiere, modernde Pflanzenteile, Aas. Aufgrund des Rückgangs sowie der massiven Beeinträchtigung geeigneter Wohngewässer stark bedrohte Fischart. **Verbreitung:** Mittel- und Osteuropa. In Großbritannien, Skandinavien, Italien, Südfrankreich, Griechenland, im Krimgebiet und Kaukasus fehlt die Art.

Steinbeißer

Cobitis taenia

Stark gefährdet

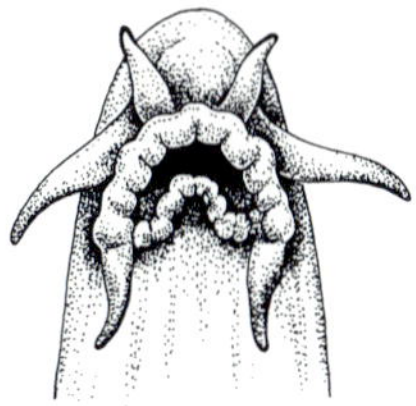

Cobitidae, Schmerlen. **Merkmale:** Körper langgestreckt, seitlich stark zusammengedrückt. Unterständiges, kleines Maul mit 6 kurzen Bartfäden (s. Grafik). Aufrichtbarer Dorn unter jedem Auge. Deshalb auch Dorngrundel genannt. Sehr kleine Schuppen. Unvollständige Seitenlinie. Rücken und Flanken gelblich bis sandfarben, mit dunklen Punkten oder Marmorierung. Flanken mit Längsreihen von dunklen Flecken. Bauch weißlich gefärbt. Länge 5–12 cm. **Lebensraum:** Klare Bäche, Flüsse und Seen (Uferregion) mit Sandgrund. **Biologie:** Stationärer Bodenfisch. Tiere graben sich tagsüber bis zum Kopf ein, um in der Dämmerung und nachts den Boden nach Nahrung zu durchsuchen. Mit Hilfe der Barteln wird die Nahrung, die aus Kleintieren (Rädertiere, Hüpferlinge, Wasserflöhe, Muschelkrebse, kleine Würmer) und abgestorbenen organischen Bestandteilen (Detritus) besteht, lokalisiert. Laichzeit zwischen April und Juni. Dabei werden die klebrigen Eier an Steinen, Wurzeln und Wasserpflanzen abgelegt. Die Steinbeißerbestände sind gegenuber früher stark zurückgegangen. **Verbreitung:** Europa, Teile Asiens und Nordafrikas. Zahlreiche Unterarten.

Bachschmerle, Bartgrundel

Barbatula barbatula

Gefährdet

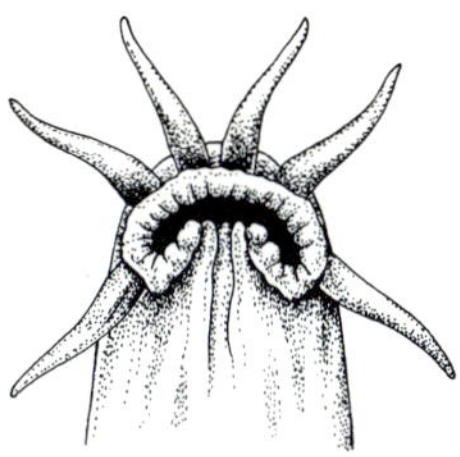

Cobitidae, Schmerlen. **Merkmale:** Körper langgestreckt, walzenförmig. Kopf abgeflacht mit unterständigem Maul und 6 Barteln am Oberkiefer (s. Grafik). Schuppen klein, fehlen an Brust und Vorderrücken. Gut erkennbare, helle Seitenlinie. Körper graubraun, mit graugrüner bis olivfarbener Marmorierung und Flecken. Bauch weißlich. Länge 8–12 cm, max. 16 cm. **Lebensraum:** Klare, flache Fließgewässer (Forellenregion bis Barbenregion) und Seen mit steinigem oder kiesigem Grund. **Biologie:** Stationärer Bodenfisch; tagsüber unter Steinen oder zwischen Pflanzen versteckt; geht ab der Dämmerung auf Nahrungssuche. Frißt u. a. Insektenlarven, Bachflohkrebse, kleine Würmer und Fischlaich. Zur Laichzeit (März bis Mai) werden flache Uferzonen aufgesucht und die Eier (Durchmesser 1 mm, 2000–3000 Stück) an Steinen abgelegt. Jungtiere sind im Gegensatz zu älteren Tieren auch tagsüber an flachen, besonnten Plätzen zu beobachten. Durch Gewässerverschmutzung und wasserbaulich bedingte Zerstückelung der Gewässerläufe (Folge: isolierte Teilpopulationen) in den 70er Jahren vielerorts starke Einbrüche der Bestände, die sich zur Zeit wieder erholen. **Verbreitung:** Europa bis Sibirien. Fehlt im äußersten Norden und Süden Europas.

Wels

Siluris glanis

Stark gefährdet

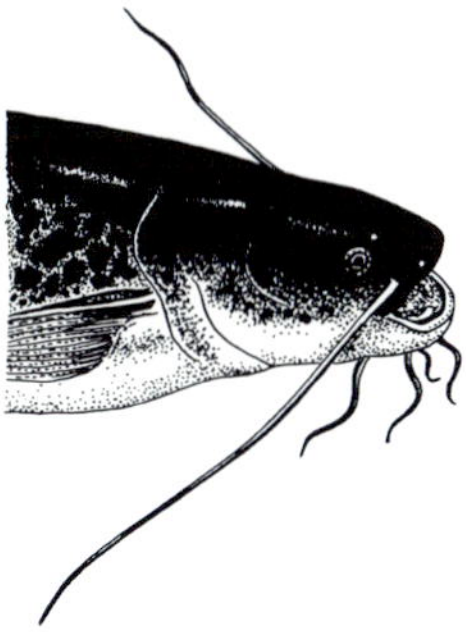

Siluridae, Welse. **Merkmale:** Langgestreckter Körper; bauchseits abgeplattet; hinten seitlich zusammengedrückt. Keine Schuppen. Breites Maul. Oberlippe mit 2 langen, Unterlippe mit 4 kleinen Barteln (s. Grafik). Rückenflosse klein. Afterflosse reicht bis zur Schwanzflosse. Grundfärbung blauschwarz bis bräunlichgrün. Flanken aufgehellt mit dunkler Marmorierung. Länge 100–200 cm, max. bis 3 m. **Lebensraum:** Weichgründige große Seen und tiefe, langsam fließende Flüsse. **Biologie:** Stationärer, dämmerungs- bzw. nachtaktiver Bodenfisch. Tagsüber in Verstecken (u. a. unter Baumwurzeln, Höhlungen). Laicht von Mai bis Juli im pflanzenreichen Flachwasser. Abgabe der Eier in eine nestähnliche Unterlage aus niedergedrückten Wasserpflanzen oder dünnen Wurzeln. Männchen bewacht das Gelege und sorgt durch Flossenfächeln für Frischwasser. Die Larven sind sehr lichtempfindlich und suchen deshalb Unterschlupfmöglichkeiten auf. Welse fressen in der Jugend wirbellose Kleintiere, später Fische, Amphibien, Vögel, Kleinsauger. Durch Lebensraumverlust (Gewässerausbau) gefährdet; wird durch Besatzmaßnahmen gestützt. **Verbreitung:** Mittel-, Osteuropa. Teile Westasiens.

Zwergwels

Ictalurus nebulosus

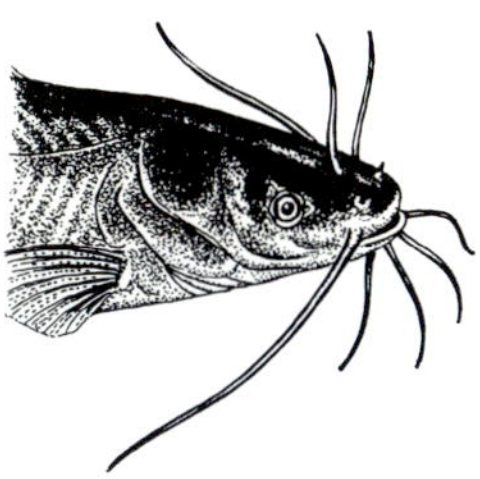

Ictaluridae, Zwergwelse. **Merkmale:** Vorderkörper drehrund, Hinterkörper seitlich abgeflacht; schuppenlos. »Fettflosse«. 8 Bartfäden (s. Grafik). Schwärzlich bis bräunlich gefärbt. Länge meist 20–30 cm, in Nordamerika bis 45 cm. **Lebensraum:** In Nordamerika in warmen, stehenden und langsam fließenden Gewässern. Besiedelt bei uns ähnliche Lebensräume. **Biologie:** Nachtaktiver, bodenorientierter Fisch. Laicht bei Wassertemperaturen von 18–20 °C. Die Eier (500 bis 3500 Stück) werden in Nestern aus Pflanzenmaterial an flachen Stellen abgelegt. Das Männchen bewacht das Gelege und die Larven. Jungfische zeigen Schwarmverhalten. Den Jungtieren dienen wirbellose Kleintiere als Nahrung, Erwachsene fressen Fischlaich und -brut, Fische sowie Amphibienlarven. In Naturgewässern ausgesetzt wirken sie sich verheerend auf andere Wasserbewohner aus. Es sind Gewässer bekannt, in denen sich wenige eingesetzte Zwergwelse explosionsartig vermehrten, wodurch Kleinfisch- und Amphibienbestände massiv zurückgingen. Aus ökologischen Gründen muß deshalb eine weitere Verbreitung dieser Fischart unbedingt unterbunden werden. **Verbreitung:** Nordamerika. In Europa seit 1885 eingeführt.

Aal

Anguilla anguilla

Gefährdet

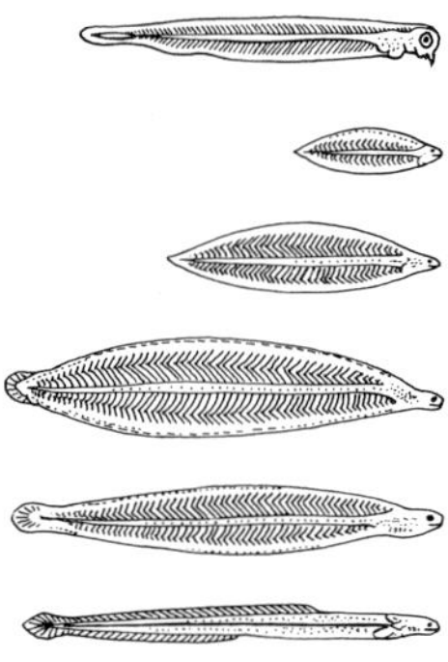

Entwicklungsstadien

Anguillidae, Aale. **Merkmale:** Körper schlangenähnlich. Rücken-, Schwanz- und Afterflosse bilden Flossensaum. Keine Bauchflossen. Haut schleimig, mit sehr kleinen, tief eingebetteten Schuppen. Rücken dunkelgrau bis olivfarben. Bauch der im Süßwasser lebenden Aale ist gelblich (»Gelbaal«), der ins Meer abwandernden, geschlechtsreifen Tiere silbrig (»Blankaal«). Männchen bis 50 cm, Weibchen bis 150 cm lang. **Lebensraum:** Fließ- und Stillgewässer, die mit dem Meer in Verbindung stehen. Auch im Brackwasser. Bis in 1000 m Höhe. **Biologie:** Bodenlebender, katadromer Wanderfisch. Tagsüber zwischen Wurzeln, Wasserpflanzen, in Höhlungen und ähnlichen Unterschlüpfen versteckt. Ab der Dämmerung werden sie aktiv und gehen auf Nahrungssuche. Man unterscheidet zwei Ernährungstypen. Der Spitzkopfaal frißt wirbellose Tiere wie Würmer, Schnecken, Muscheln, Insektenlarven. Der Breitkopfaal ernährt sich von kleinen Fischen, Fischlaich, Amphibien und Kaulquappen. Da sie regelmäßig über die Eier anderer Fische herfallen (darunter inzwischen auch seltenere Arten), sind die hohen Aalbesatzzahlen in vielen unserer Gewässer (z. B. Donau) aus ökologischen Gründen nicht mehr vertretbar. Aale sind gegenüber Gewässerverschmutzung und Monotonisierung ihrer Lebensräume durch wasserbauliche Eingriffe sehr anpassungsfähig. Zum Ablaichen wandern die Tiere von Juli bis Oktober 5000–7000 km weit in die Sargassosee (Westatlantik), wobei sie sich am Erdmagnetfeld, an Strömungen und Wassertemperaturen orientieren. Die Eier geben sie dort vermutlich in großer Tiefe ab. Wahrscheinlich sterben die Elterntiere danach. Die sich aus den Eiern entwickelnden Larven driften binnen 3 Jahren mit dem Golfstrom nach Europa. Hierbei wandeln die Larven ihr Aussehen (s. Grafik). Aus den etwa 6 mm großen, länglichen Larven entwickeln sich im Laufe der Monate die weidenblattähnlichen, durchsichtigen Leptocephalus-Larven. Mit Erreichen der Küsten wandeln sie sich in die ca. 65 mm großen Glasaale (s. Foto unten) um. Diese steigen dann als sog. Steigaale selbst über größere Hindernisse die Flüsse hinauf, wobei eine Vielzahl zugrunde geht. Angezogen werden die Glasaale wahrscheinlich durch Geruch- und Geschmacksstoffe des Süßwassers. **Verbreitung:** Europäische Gewässer mit Verbindung zum Atlantik. Weißes, Schwarzes, Mittelmeer. Nordafrika, Azoren, Kanaren. Heute aus wirtschaftlichen Gründen in viele ehemals nicht besiedelte Gewässer eingesetzt.

Hundsfisch

Umbra krameri

Umbridae, Hundsfische. **Merkmale:** Körper länglich, gedrungen. Gerundete Schnauze. Große Schuppen an Kopf und Körper. Rückenflosse mit 14 Strahlen; beginnt weit hinter der Ansatzstelle der Bauchflossen. Schwanzflosse nach außen rund. Dunkel gefärbt mit hellem Seitenstreifen. Länge 5–9 cm, max. 13 cm. **Lebensraum:** Stehende Gewässer, Kanäle und Altarme mit intensivem Pflanzenwachstum und schlammigem Grund. **Biologie:** Hundsfische vermögen Sauerstoffmangel in den von ihnen besiedelten Gewässern über eine zusätzliche Sauerstoffaufnahme durch Luftschlukken auszugleichen. In der Laichzeit von Februar bis April legt jedes Weibchen zwischen 100 und 200 Eier ab. Planktonkrebse und am Grund lebende Insektenlarven bilden die Nahrungsgrundlage. In seinem natürlichen Verbreitungsgebiet trägt er zur Kontrolle von Stechmückenpopulationen bei. Aufgrund von flächenhaften Trockenlegungen geht der Lebensraum dieser Art zurück. **Verbreitung:** Südosteuropa; Seen im Donaugebiet von Wien bis zur Mündung ins Schwarze Meer. Neusiedler See (ausgestorben?), Balaton.

Koboldkärpfling

Gambusia affinis

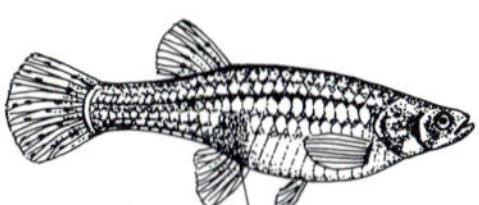

Poecilidae, Lebendgebärende Zahnkarpfen. **Merkmale:** Körper langgestreckt. Rückenflosse setzt hinter der Afterflosse an. Schwanzflosse nach außen rund. Maul oberständig. Länge 4–5 cm, max. 6,5 cm. Männchen kleiner. Männchen mit einer funktionell zum Penis umgebildeten auffällig verlängerten Afterflosse (s. Grafik). **Lebensraum:** Die ursprünglich in Nordamerika heimische Art wurde in Mitteleuropa in stehende und langsam fließende Gewässer eingesetzt. In Südeuropa selbsterhaltende Populationen in küstennahen, pflanzenreichen Tümpeln und langsam fließenden Entwässerungsgräben. **Biologie:** Versuchsweise zur Stechmükkenbekämpfung in Mitteleuropa eingesetzte Art. Aufgrund ungeeigneter Wintertemperaturen sind unter natürlichen Bedingungen nördlich der Alpen keine dauerhaften Populationen möglich. Nach der inneren Befruchtung durch das Männchen bringt das Weibchen nach einem Monat im Mai bis August 30 bis 60 lebende Jungfische zur Welt. Pro Jahr sind 4 Bruten möglich. Die Nahrung besteht aus Kleinkrebsen und Insektenlarven. **Verbreitung:** Natürliches Verbreitungsgebiet liegt im Südosten Nordamerikas. Heute durch Besatz in küstennahen Binnengewässern des nördlichen Mittelmeerraumes.

Hecht

Esox lucius

Gefährdet

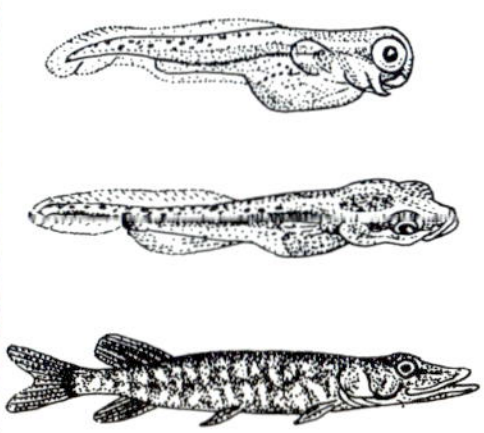

Larven (oben, Mitte) und Jungfisch (unten)

Esocidae, Hechte. **Merkmale:** Körper langgestreckt, seitlich wenig zusammengedrückt. Entenschnabelförmige Schnauze. Breites, stark bezahntes Maul. Rückenflosse weit nach hinten verschoben, sitzt gegenüber Afterflosse. Gelbgrün bis olivgrün gefärbt; Bauch weiß. Körper mit dunklen Querbinden oder marmoriert. Länge bis 120 cm. **Lebensraum:** Langsam strömende Fließgewässer mit Stillwasserzonen und Altwassern sowie Seen. Liebt klare, verkrautete Flachseen mit Kiesgrund (sog. Hecht-Schleien-Seen). Bis in 1500 m Höhe. Auch im Brackwasser. **Biologie:** Standorttreuer, revierbildender Raubfisch, der keinen Artgenossen in sein Revier eindringen läßt. Geschieht dies, so kommt es zu erbitterten Kämpfen, die nicht ohne Verletzungen abgehen. Zudem geschieht es immer wieder, daß der Unterlegene vom Sieger gefressen wird (Kannibalismus). Als Einzelgänger lauert der Hecht regungslos in Verstecken (Wasserpflanzenbestände, versunkene Baumstämme, Uferbereich, Schilfränder) auf Beute. Durch seine Färbung und sein Verhalten ist er so gut getarnt, daß Fische und andere Beutetiere nahe an ihn heranschwimmen ohne ihn wahrzunehmen. Dann stößt er blitzschnell auf die Beute zu (sog. Stoßjäger) und schnappt sie sich. Meist packt er den Beutefisch quer (s. Foto unten), den er dann vorsichtig im Maul drehen muß, um ihn mit dem Kopf voran schlucken zu können. Hechte laichen zwischen Februar und Mai in krautreichen Flachwasserzonen, überschwemmten Uferwiesen (sog. Hechtwiesen) sowie in Gräben. Die klebrigen Eier (Durchmesser 2,5–3 mm, 40000 bis 45000/kg Körpergewicht) werden an Grashalmen und Wasserpflanzen abgelegt. Je nach Wassertemperatur schlüpfen die Larven nach 10–30 Tagen. Mittels Klebedrüsen hängen sie bis zur Schwimmfähigkeit an Grashalmen, Wasserpflanzen und Wurzeln. Die Hechtbrut (s. Grafik) ernährt sich zunächst von Kleinkrebsen, später von Insektenlarven und wirbellosen Kleintieren. Bereits bei 4–5 cm großen Jungfischen tritt Kannibalismus auf. Bei größeren Hechten stellen Fische die Hauptnahrung dar. Daneben werden auch Krebse, Frösche, Wasservögel und Kleinsäuger gefressen. Die Hechtbestände leiden häufig unter Gewässerbaumaßnahmen (Verlust von Stand- und Laichplätzen). Durch Erbrütung von Hechtnachwuchs in Fischzuchtanstalten sowie Besatzmaßnahmen Stützung der Bestände. **Verbreitung:** In vielen Teilen Europas und Asiens häufig. Fehlt in Spanien, Süditalien, Nordnorwegen.

Flußbarsch

Perca fluviatilis

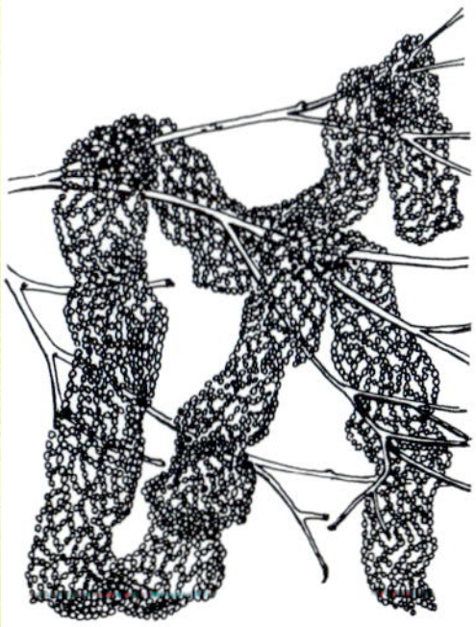

Laichband

Percidae, Barsche. **Merkmale:** Körper gedrungen, meist hochrückig, mit Kammschuppen. Stumpfer Kopf mit großem, stark bezahntem Maul. Kiemendeckel mit spitzem Dorn. Vordere Rückenflosse besitzt Stachelstrahlen und einen schwarzen Fleck am Hinterrand. Färbung: grünlichsilbern bis graublau. Flanken heller, mit 6–9 dunkleren Querbinden. After- und Bauchflossen orange. Länge 15–45 cm. **Lebensraum:** Besiedelt ein breites Spektrum von Fließ- und Stillgewässern (Tümpel, Weiher, Seen, Flüsse). Bis in 1000 m Höhe. Auch im Brackwasser. **Biologie:** Stationärer Raubfisch, der verschiedene umweltbedingte Standorttypen ausbildet. Als »Krautbarsch« (intensiv gefärbt) zwischen Wasserpflanzenbeständen der Uferzone. Der »Jagebarsch« (heller gefärbt) lebt im Freiwasser, der dunkel gefärbte »Tiefenbarsch« in der Tiefe der Gewässer. In der Jugend schwarmbildend, im Alter oft Einzelgänger. Zur Fischjagd bilden Barsche häufig Jagdtrupps, treiben andere Fische zu Pulks zusammen, um dann auf die verängstigte Beute vorzustoßen. Zwischen März und April Eiablage in Form von bis zu 1 m langen Gallertbändern (s. Grafik) im Uferbereich an Pflanzen, Wurzeln und Steinen. Jungbarsche fressen wirbellose Kleintiere, ältere überwiegend Fische. Nicht gefährdete Fischart. **Verbreitung:** Europa, Kleinasien. Nicht in Schottland, Nordnorwegen, Teilen Südeuropas, westliche Balkanhalbinsel.

Zander

Stizostedion lucioperca

Percidae, Barsche. **Merkmale:** Körper langgestreckt. Spitzer Kopf mit weitem, endständigem und gut bezahntem Maul. Zwei getrennte Rückenflossen. Grünlichgraue Grundfärbung. Jungzander tragen 8–10 dunklere Querstreifen auf der oberen Körperhälfte. Schwanz- und Rückenflossen mit schwarzen Flecken. Länge 40–50 cm, max. 120 cm. **Lebensraum:** Große Fließ- und Stillgewässer mit Trübung und hartgründigem Boden. Auch Brackwasser. **Biologie:** Stationärer Raubfisch des Freiwassers, selten im Flachwasser. Am Tag meist ruhig in der Tiefe; ab der Dämmerung aktiv. Geht einzeln oder in Trupps auf die Jagd. Laicht von April bis Mai in Nestgruben auf Kiesgrund zwischen Wurzeln und Astwerk. Brut frißt Planktontiere; später Fischnahrung. Schlanke, kleinere Fische (z. B. Ukelei, Rotauge, Stint) werden als Beutetiere bevorzugt. Durch Besatzmaßnahmen geförderte Fischart. **Verbreitung:** Mittel- und Osteuropa. Ursprünglich nur östlich der Elbe bis Sibirien, Kaspisches Meer, Aralsee.

Kaulbarsch

Gymnocephalus cernua

Gefährdet

Percidae, Barsche. **Merkmale:** Gedrungener Körper. Dicker, stumpfer Kopf unterseits mit flachen Schleimgruben. Kiemendeckel mit langem Dorn. Rückenflossen ungeteilt. Körper olivgrün bis bräunlich mit dunklen Flecken. Schwanz- und Rückenflossen dunkel gefleckt. Länge 12–25 cm. **Lebensraum:** Hauptsächlich im Mündungsbereich der Tieflandströme (Kaulbarschregion); daneben auch in der Brachsenregion (z. B. Rhein) sowie in Seen und Haffen (Brackwasser). **Biologie:** Gesellig lebender Bodenfisch. Bevorzugt tiefere, sandige Gewässerstellen. Den Winter verbringen die Tiere in ruhigeren Gewässerabschnitten. Laicht von März bis Mai an flachen und sandigen Stellen in der Uferzone. Die klebrigen, bis 1 mm großen Eier (50 000–100 000 Stück) werden in Form von Gallertschnüren oder -klumpen an Pflanzen und Steinen abgelegt. Frißt wirbellose Bodentiere, Plankton, Fischlaich. Früher in manchen Gegenden Norddeutschlands so massenhaft, daß die Fische als Dung für die Felder verwendet wurden. Gegen Gewässerverschmutzung anscheinend weniger empfindlich. Leidet aber unter der durch Gewässerbaumaßnahmen verursachten Aufteilung der Fließgewässer in einzelne Teilstrecken (Isolation von Teilpopulationen). **Verbreitung:** Mittel-, Ost-, Nordeuropa sowie bis nach Sibirien. Fehlt in Irland, Schottland, Nordskandinavien.

Schrätzer

Gymnocephalus schrätzer

Stark gefährdet

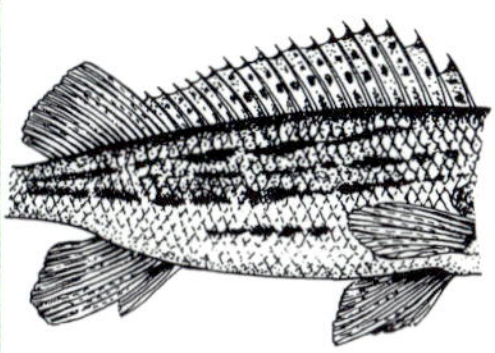

Percidae, Barsche. **Merkmale:** Langgestreckter Körper mit spitzem Kopf und endständigem Maul. Kiemendeckel endet mit langem Dorn. Rückenflossen gehen ineinander über; vordere mit 17–19 Stachelstrahlen (s. Grafik). Seitenlinie unvollständig. Flanken gelbglänzend, mit 3–4 schmalen, schwarzen, teilweise unterbrochenen Längsbändern. Länge 15–30 cm. **Lebensraum:** Fließgewässer der Barbenregion mit Sand- und Kiesgrund. **Biologie:** Bodenorientierte Art; bevorzugt die tieferen Flußabschnitte. In der Laichzeit (April bis Mai) kurze Laichwanderungen. Abgabe der Eier in Form von Gallertbändern an Wurzeln und Steinen. Zum Nahrungsspektrum zählen wirbellose Kleintiere und Fischlaich. Die Schrätzerbestände sind heute durch gewässerbauliche Veränderungen der typischen Barbenregionabschnitte in der Donau (Staustufen und Wehre), durch Abwasserbelastung und Verschlammung von Sand- und Kiesarealen äußerst bedroht. Möglicherweise spielt auch der überhöhte Aalbesatz eine Rolle. **Verbreitung:** Nur in der Donau und ihren Nebenflüssen.

Streber

Zingel streber

Vom Aussterben bedroht

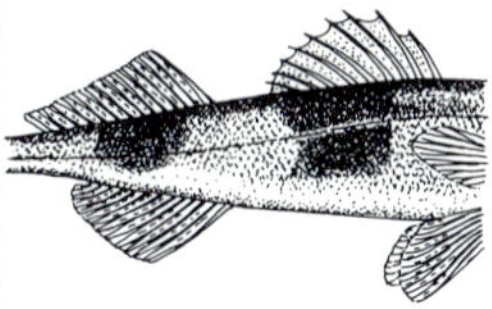

Percidae, Barsche. **Merkmale:** Körper langgestreckt, mit auffallend langem Schwanzstiel. Zwei deutlich getrennte Rückenflossen. Vordere Rückenflosse mit 8–9 Strahlen (s. Grafik). Grünbraun mit 4 hellen und 5 dunklen Querbanden. Länge 12–15 cm, max. 22 cm. **Lebensraum:** Besiedelt ausschließlich schneller fließende Gewässerstrecken mittlerer Tiefe im Bereich der unteren Äschen- bis Barbenregion. **Biologie:** Nachtaktive Art; die tagsüber an tieferen Stellen in kleinen Gruppen zwischen Steinen ruht. Nachts sucht sie in schnell fließenden, flacheren Bereichen nach Kleinkrebsen, Insektenlarven, Würmern und kleinen Fischen, welche die Nahrung bilden. Mit Hilfe der Brust- und Bauchflossen wird in der starken Strömung eine »Saugglocke« gebildet, die den Streber kraftsparend an die Unterlage bindet. Von März bis April findet nachts die Fortpflanzung zwischen Steinen in schnell fließendem Wasser statt. Pro Weibchen werden 600–4000 Eier abgegeben. Die natürlicherweise seltene Art ist besonders durch gewässerbauliche Maßnahmen und Wasserverschmutzung in ihrem Bestand gefährdet. **Verbreitung:** Mittlere und größere Zuflüsse der Donau sowie obere Donau. Eine Unterart im Vardar.

Zingel

Zingel zingel

Vom Aussterben bedroht

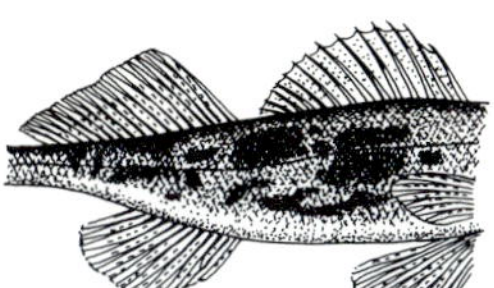

Percidae, Barsche. **Merkmale:** Körper langgestreckt, mit auffallend langem Schwanzstiel. Zwei deutlich getrennte Rückenflossen. Vordere Rückenflosse mit 13–15 Strahlen (s. Grafik). Unterständiges Maul. Grünbraun mit unregelmäßigen hellen und dunklen Flekken. Länge 15–30 cm, max. 50 cm. **Lebensraum:** Besiedelt schnell fließende Gewässerstrecken größerer Tiefe im Bereich der Barbenregion. Im Gegensatz zum Streber werden vom größeren Zingel tiefergelegene Flußabschnitte mit sandig-kiesigem Grund bevorzugt. **Biologie:** Wie der Streber ist auch der Zingel eine überwiegend nachtaktive, sehr seltene Bodenfischart. Am Tag ruhen die Fische in kleinen Gruppen am Gewässergrund. Die Nahrungssuche erfolgt nachts. Neben Kleinkrebsen und Insektenlarven bilden Fischbrut und Jungfische einen bedeutenden Teil der Nahrung. Fortpflanzung von März bis April in schnell fließendem Wasser zwischen Steinen. Rückgang infolge der Vernichtung geeigneter Lebensräume durch Gewässerausbau und Wasserverschmutzung. In Baden-Württemberg, dem ehemals westlichsten Vorkommen, ist die Art ausgestorben. **Verbreitung:** Donau, Dnjestr und größere Seitengewässer.

Groppe

Cottus gobio

Stark gefährdet

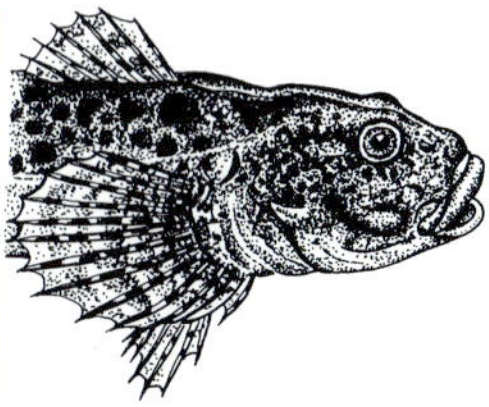

Cottidae, Groppen. **Merkmale:** Keulenförmiger Körper. Großer Kopf mit endständigem, breitem Maul (s. Foto unten). Kiemendeckel trägt kräftigen, nach hinten gekrümmten Dorn. Brustflossen groß, Bauchflossen bruststä̈ndig (s. Grafik). Körper schuppenlos. Rükken und Flanken bräunlich bis gräulich mit unregelmäßiger Marmorierung bzw. Fleckenmuster. Bauch weiß. Brust-, Rücken- und Schwanzflosse gefleckt. Länge 10–15 cm. **Lebensraum:** Klare, sauerstoffreiche Bäche, Flüsse (Forellenregion) und kühle Bergseen mit sandigem und steinigem Untergrund. Auch im Brackwasser der Ostsee vor Flußmündungen. **Biologie:** Zwischen Steinen und Wurzeln versteckt lebender Bodenbewohner, der vorwiegend nachts auf Beutefang geht. Da die Groppe keine Schwimmblase besitzt, bewegt sie sich hierbei mit gespreitzten Brustflossen ruckartig über den Boden. Wirbellose Kleintiere wie Bachflohkrebse und Insektenlarven sowie Fischlaich und Jungfische zählen zum Nahrungsspektrum. Da die Groppe auch Laich und Jungfische der Bachforelle frißt wird sie vielerorts intensiv verfolgt. Jedoch wird ihre »Schadwirkung« häufig überschätzt. Letztlich gehören Groppen unter ökologischen Gesichtspunkten gesehen zu unverzichtbaren Bestandteilen der Fischfauna der Forellenregion. Auch als Futterfische für Forellen sind Groppen von großer Bedeutung. Die Laichzeit liegt zwischen März und Mai. Zuerst wählt das Männchen eine geeignete Stelle aus. Dann veranlaßt er das Weibchen in einer Art Laichgrube unter einem Stein bzw. an der Unterseite eines Steines die klebrigen, orangefarbenen Eier in Klumpen abzulegen. Das Männchen bewacht das Gelege und sorgt durch Fächeln mit den Brustflossen für Frischwasserzufuhr bis die Larven geschlüpft sind. Die Groppe gehört zu den bedrohten Fischarten. Sie reagiert auf Gewässerverschmutzung sehr empfindlich. In Gewässern der kalkarmen Mittelgebirgsregionen mit Buntsandstein- und Granituntergrund leiden die Groppenbestände auch unter den Auswirkungen der Gewässerversauerung. Obwohl sich die Wasserqualität vielerorts bessert, verhindert der Einbau von Wehren und Sohlschwellen in die Gewässerläufe eine Wiederbesiedlung früherer Wohngewässer. Bereits 10–15 cm hohe, durchgehende Sohlschwellen stellen für Groppen ein unüberwindbares Aufstiegshindernis dar. **Verbreitung:** Europa, Vorderasien, Sibirien. Fehlt in Südspanien, Süditalien, Portugal, Irland und Teilen Skandinaviens.

Dreistachliger Stichling

Gasterosteus aculeatus

Gefährdet

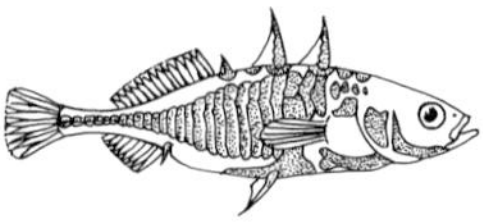

forma *trachurus*

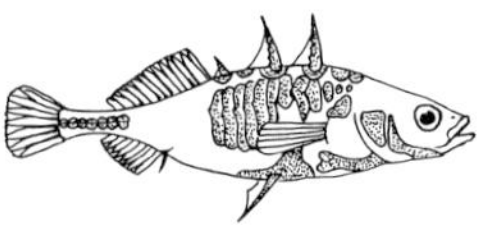

forma *semiarmatus*

forma *leiurus*

Gasterosteidae, Stichlinge. **Merkmale:** Gestreckter Körper mit weit nach hinten versetzter Rückenflosse. Rücken mit 3 beweglichen Stacheln. After- und Bauchflossen mit je einem Stachel bewehrt. Kleines, endständiges Maul. Schuppen fehlen. Flanken und Schwanzstiel mit Knochenplatten. Je nach Anzahl der Knochenplatten unterscheidet man 3 Formen (s. Grafik): 1. forma *trachurus:* längs der Seitenlinie mit 7 Platten bedeckt. 2. forma *semiarmatus:* Platten nur auf Rumpf und Schwanzstiel. 3. forma *leiurus:* nur Brustseiten mit Platten. Rücken blaugrau bis olivgrün gefärbt. Flanken silbrig. Zur Paarungszeit Männchen mit blaugrünem Rücken sowie kräftig hellroter Kehle, Brust und Bauchseite. Länge 5–8 cm, max. 11 cm. **Lebensraum:** Der Dreistachelige Stichling kommt im Meer (Küstenbereich), Brackwasser und Süßwasser vor. Im Süßwasser besiedelt er pflanzenreiche, besonnte Gräben, Tümpel, Flachwasserzonen von Weihern und Seen sowie langsam fließende Gewässer. **Biologie:** Neben stationären Süßwasserformen, gibt es marine Wanderformen. Letztere ziehen zur Laichzeit (März bis Juli) von der Küste ins Süßwasser. Später Rückwanderung der Jung- und Alttiere. Zu Beginn der Laichzeit grenzen die Männchen Brutreviere ab, die sie gegen jeden Eindringling verteidigen. Wurzeln, Steine, Bodenunebenheiten und Pflanzen fungieren dabei gleichsam als Markierungspunkte zur Revierabgrenzung. Schließlich beginnt das Männchen mit dem Nestbau (s. Foto unten). In eine mit dem Maul ausgehobene flache Grube baut das Männchen ein Bodennest aus Pflanzenfasern sowie Algenfäden und verklebt die Einzelteile mit Nierensekret. Danach formt es mit dem Kopf einen Eingang sowie eine Höhlung in das Nestmaterial. Hierauf lockt das Männchen mit ruckartigen Bewegungen (sog. Zick-Zack-Tanz) ein laichreifes Weibchen ins Nest. Nach der Eiablage Besamung der Eier. Nach wiederholtem Ablaichen, auch mit weiteren Weibchen, liegen etwa 400–600 Eier im Nest. Das Männchen versorgt und bewacht das Gelege, indem es durch Fächeln mit den Brustflossen für Frischwasserzufuhr sorgt und Feinde vertreibt. Die schwimmfähigen Jungtiere verlassen bald das Nest; sie ernähren sich von winzigen Planktontieren. Erwachsene Stichlinge, die sich außerhalb der Laichzeit häufig zu Schwärmen zusammenfinden, sind aktive Räuber mit großem Nahrungsbedarf an Kleinkrebsen, Würmern, Insektenlarven, Fischlaich und Fischbrut. **Verbreitung:** Europa, Nordasien und Nordamerika.

Zwergstichling

Pungitius pungitius

Gefährdet

Gasterosteidae, Stichlinge. **Merkmale:** Körper schlank und gestreckt. Rücken mit 8–11 Stacheln. Schwanzstiel mit Knochenplatten. Rücken braungrau gefärbt. Flanken heller, mit Metallglanz. Dunklere Querbinden an Rücken und Flanken. Männchen während der Laichzeit oft am ganzen Körper samtschwarz. Länge 4–7 cm. **Lebensraum:** Pflanzenreiche Flachwasserbereiche kleiner bis kleinster Gewässer (Gräben, Tümpel). Seltener in größeren Stillgewässern (Flachlandseen) sowie in Fließgewässern der Brachsenregion. Auch im Brackwasser. **Biologie:** Stationäre Süßwasserart, die eine dem Dreistacheligen Stichling ähnliche Lebensweise führt. Der Zwergstichling ist jedoch scheuer als dieser. Er bevorzugt eher die Bodennähe zwischen schützenden Pflanzen oder Laub. Die Art laicht von April bis August. Die Eier werden in ein Nest über dem Boden zwischen Pflanzenbeständen abgelegt. Zwergstichlinge ernähren sich von wirbellosen Kleintieren (Kleinkrebse, Würmer, Insektenlarven) und Fischbrut. Im Gegensatz zum Dreistachligen Stichling ist bei Jungtieren keine Schwarmbildung zu beobachten. Zunehmend durch den Verlust von pflanzenreichen Kleingewässern bedroht. **Verbreitung:** Ähnlich wie der Dreistachelige Stichling, jedoch nicht so weit südlich wie dieser.

Sonnenbarsch

Lepomis gibbosus

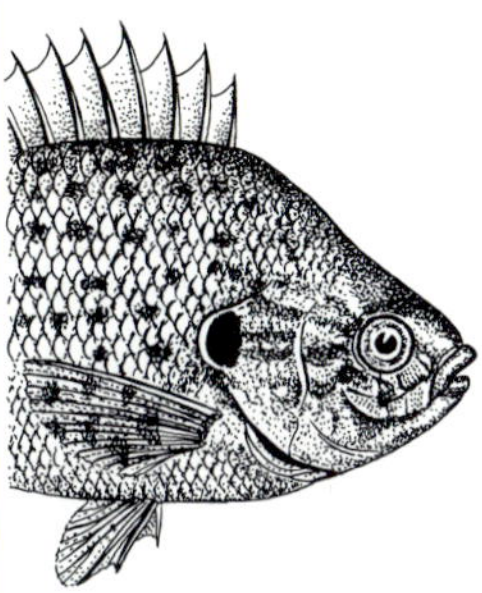

Centrarchidae, Sonnenbarsche. **Merkmale:** Körper hochrückig, seitlich stark zusammengedrückt. Lange Rückenflosse nicht geteilt. Grundfärbung olivbraun mit vielen grünblauen, gelbbraunen bis orangefarbenen Flecken. Kiemendeckel mit schwarz-rotem Fleck (s. Grafik). Länge 10–15 cm, selten bis 30 cm. **Lebensraum:** Gemeinsam mit weiteren Barscharten (u. a. Ohrenbarsch, *Lepomis auritus;* Grüner Sonnenbarsch, *Lepomis cyanellus;* Schwarzbarsch, *Mikropterus dolomieui;* Forellenbarsch, *Mikropterus salmoides*) aus Nordamerika eingeführt. Bei uns in pflanzenreichen, stehenden und langsam fließenden Gewässern. Im Oberrheingebiet sehr häufig in Alt- und Auengewässern, Weihern, Baggerseen anzutreffen. **Biologie:** Laichzeit von Mai bis Juni; dann ausgeprägtes Revierverhalten. Anlage von Laichgruben im Flachwasser. Eiablage in mehreren Schüben. Elterntiere bewachen Gelege und Brut. Frißt wirbellose Wassertiere, Amphibienlarven, Fischlaich und Fischbrut. Aus ökologischer Sicht weitere Verbreitung nicht wünschenswert. **Verbreitung:** Heimat ist Nordamerika. Heute in Mittel- und Südeuropa weit verbreitet.

Süßwasser-Schleimfisch

Blennius fluviatilis

Blenniidae, Schleimfische. **Merkmale:** Körper langgestreckt, im Kopfbereich am dicksten. Nach hinten keilförmig schmaler werdend. Über den Augen lange fühlerartige Hautanhänge. Bauchflossen kehlständig, vor den Brustflossen. Länge der Rückenflosse ¾ der Körperlänge. Länge 8–10 cm (max. 15 cm). **Lebensraum:** Bodenfischart der Uferregion großer Seen und langsam fließender Gewässer. **Biologie:** Einzige Schleimfischart, welche in Europa das Süßwasser besiedelt. Zur Laichzeit von April bis Juni hat das Männchen einen hohen Kamm auf dem Kopf (s. Foto). Die Weibchen geben ihre Eier in vorbereiteten Nestern an die Unterseite von Steinen ab; das Gelege wird während der Entwicklung vom Männchen bewacht. Die Nahrung besteht aus Kleinkrebsen und Insektenlarven, nach denen beständig gesucht wird. Schleimfische sind sehr neugierig und untersuchen sofort alle Veränderungen in ihrem Revier. Im südlichen Teil des Gardasees z. B. dauert es keine 2 Minuten bis die Füße eines ruhig im Wasser stehenden Badegastes von den dort sehr häufigen Schleimfischen untersucht werden. **Verbreitung:** Westlicher und nordöstlicher Mittelmeerraum.

Quappe

Lota lota

Stark gefährdet

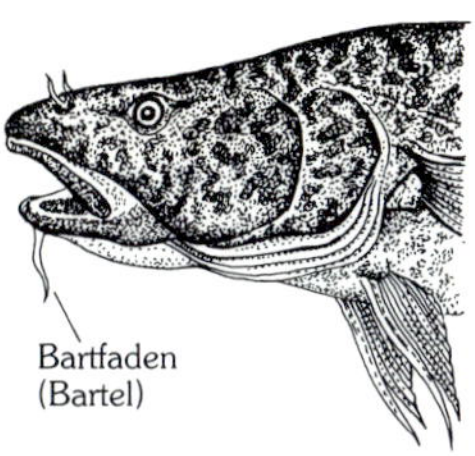

Gadidae, Dorschfische. **Merkmale:** Körper langgestreckt, walzenförmig; hinten seitlich zusammengedrückt. Kopf breit, abgeflacht. Großes Maul mit kleinen Zähnen. Unterkiefer mit Bartfaden (s. Grafik); kehlständige Bauchflossen. Länge 30–60 cm (max. 100 cm). **Lebensraum:** Seen und Fließgewässer; bevorzugt kühles, klares, sauerstoffreiches Wasser; bis 1200 m Höhe; auch im Brackwasser. **Biologie:** Nachtaktiver Bodenfisch. Laicht von November bis März nach zum Teil sehr ausgeprägten Laichwanderungen. Die Eier enthalten eine Ölkugel und sind planktonisch (freischwebend). Die Entwicklungszeit beträgt je nach Wassertemperatur zwischen 45 und 75 Tagen. In der Jugend besteht die Ernährung aus wirbellosen Kleintieren. Später geht die Quappe zu einer räuberischen Lebensweise über. Starke Bestandseinbrüche charakterisieren die Gefährdungssituation der Quappe. In der oberen Donau, wo die Art häufig vorkam, sind die Bestände fast erloschen. Direkte Verfolgung als Räuber, z. B. bei Elektrobefischungen, gewässerbauliche Maßnahmen und Verschmutzung tragen zur Gefährdung bei. Nur noch in wenigen Gewässern (z. B. Bodensee) gibt es intakte Populationen. **Verbreitung:** Europa nördlich der Pyrenäen und des Balkan. Ostgrenze: Mittelsibirien.

Hundshai
Galeorhinus galeus

Carcharhinidae, Blauhaie. **Merkmale:** Körper langgestreckt, mit langem, schmalen Schwanzstiel. Spitze, oben abgeflachte Schnauze. Zähne mit glatter Innen- und gezackter Außenseite. Augen mit Nickhaut. Ohne Stacheln vor beiden Rückenflossen; die erste mindestens doppelt so groß wie die zweite. Der obere Lappen der Schwanzflosse ist auf der Unterseite tief eingekerbt. Länge 1–1,5 m (max. 2 m). **Lebensraum:** Grundfisch über Geröll- und Sandboden. Nur selten im Bereich der Wasseroberfläche. Im Mittelmeer zwischen 50 und 400 m Tiefe. Im Norden werden flachere Bereiche bevorzugt. **Biologie:** Hundshaie sind lebendgebärend. Nach einer Tragzeit von 10 Monaten werfen die Weibchen im Sommer je nach Körpergröße zwischen 20 und 40 je 40 cm lange Jungfische. Am Boden lebende Plattfische und Dorsche sowie Schnecken, Muscheln und Krebse bilden die Nahrungsgrundlage. Im Sommer bevorzugen die Hundshaie nahrungsreiche Küstenabschnitte während sie sich im Winter nach Süden in tiefere Wasserschichten zurückziehen. Wirtschaftlich sind Hundshaie ohne Bedeutung. **Verbreitung:** Gesamtes Mittelmeer, Atlantikküste bis Skandinavien und Island. Fehlt in der Ostsee.

Dornhai
Squalus acanthias

Gefährdet

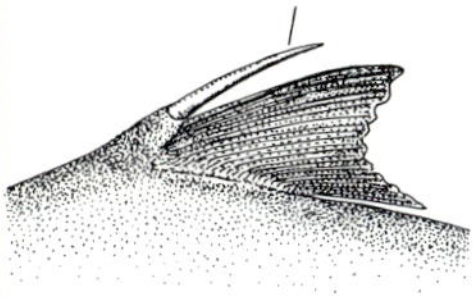

Rückenflosse

Squalidae, Dornhaie. **Merkmale:** Körper langgestreckt. Spitze Schnauze. Augen ohne Nickhaut. Mit je einem Stachel vor den beiden Rückenflossen (s. Grafik), auf dessen Rückseite sich eine Giftdrüse befindet. Erste Rückenflosse größer als zweite. Obere Lappen der Schwanzflosse nicht eingekerbt. Länge 0,75–0,9 m (max. 1,2 m). **Lebensraum:** Sehr häufige Grundfischart, die im Meer auf schlammigen Böden vom Flachwasser bis in 400 m Tiefe bei Temperaturen zwischen 6 und 15 °C vorkommt. **Biologie:** Dornhaie bilden große bis zu 1000 Individuen zählende Schwärme. Gemeinsam jagen sie nach Dorschen, Heringen, Aalen, Krebsen und anderen Wirbellosen. Wie Hundshaie sind auch sie lebendgebärend. Zwischen 18 und 22 Monaten beträgt ihre Tragzeit. Die Eihüllen lösen sich bei der Entwicklung schon frühzeitig im Eileiter auf. Pro Weibchen entwickeln sich 4–8 Jungtiere, die mit 20–33 cm zur Welt kommen. Wirtschaftlich sind Dornhaie wichtig. Ihr wohlschmeckendes Fleisch kommt frisch als Königsaal, geräuchert als Schillerlocke und mariniert als Seeaal in den Handel. **Verbreitung:** Nordatlantik von Nordamerika, Grönland über Skandinavien bis Marokkanische Küste; Mittelmeer.

Kleingefleckter Katzenhai

Scyliorhinus canicula

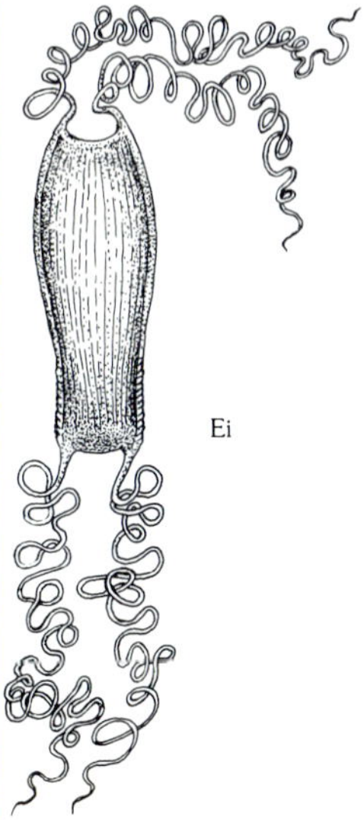

Scyliorhinidae, Katzenhaie. **Merkmale:** Körper langgestreckt, schlank. Kurze, abgerundete Schnauze. Die nicht geteilten Nasenlappen erreichen das unterständige Maul (s. Grafik unten). Fünf kleine Kiemenöffnungen, von denen die letzten zwei über der Bauchflosse liegen. Länge 60–80 cm (max. 1 m). Körperoberseite hellbraun mit auffälliger Fleckung; Bauchseite ungefleckt. **Lebensraum:** Küstennahe Gebiete im Atlantik zwischen 3 und 110 m, im Mittelmeer zwischen 20 und 400 m Tiefe. **Biologie:** Eine der häufigsten dämmerungs- und nachtaktiven Haiarten, welche meist in Schulen auftritt. Die männlichen Haie haben den hinteren Teil der Bauchflosse zu Klammerorganen für die Begattung umgebildet. Nach der inneren Befruchtung im Herbst sucht das Weibchen im Flachwasserbereich Meeresalgenbestände auf, um 18–20 je 6 cm lange Eier abzulegen. Die 4 Fortsätze an den Ecken der Eikapsel (s. Grafik) verankern die Eier zwischen den Wasserpflanzen. Nach 8–10 Monaten schlüpfen die jungen Haie aus den Eiern. Bodenlebende Muscheln, Schnekken, Krebse und kleine Fische bilden das Nahrungsspektrum der Katzenhaie. Wirtschaftlich bedeutungslose Art. **Verbreitung:** Im Atlantik von Südnorwegen bis zum Senegal; Nordsee und Mittelmeer.

Großgefleckter Katzenhai

Scyliorhinus stellaris

Potentiell gefährdet

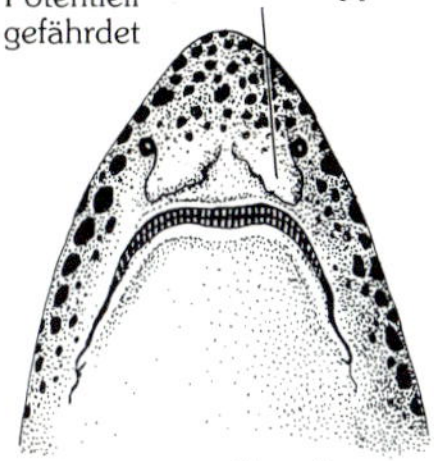

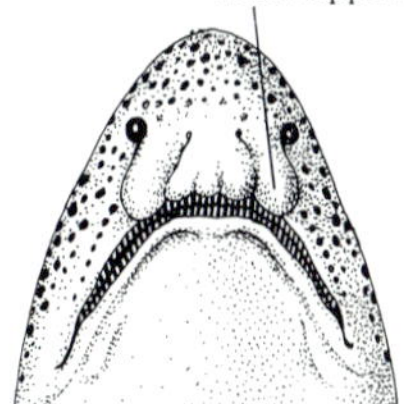

Kleingefleckter Katzenhai

Scyliorhinidae, Katzenhaie. **Merkmale:** Körper langgestreckt, massiger als Kleingefleckter Katzenhai. Kurze, abgerundete Schnauze. Die vollständig geteilten Nasenlappen erreichen nicht das unterständige Maul (s. Grafik). Länge 60–80 cm (max. 1,2 m). Körperoberseite bräunlich mit charakteristischen großen Flecken, an deren Rand je 3–5 dunklere kleinere Flecken sternförmig angeordnet sind. Die Bauchseite ist ungefleckt. **Lebensraum:** Großgefleckte Katzenhaie besiedeln flachere Gewässer als ihre kleingefleckten Verwandten. Sie bevorzugen strömungsberuhigte Meeresabschnitte über Felsgrund. **Biologie:** Großgefleckte Katzenhaie sind seltener als die verwandte Art. Da sie keine einheitliche Laichzeit haben, findet man ihre 3,5 × 12 cm großen Eier das ganze Jahr über in Algenbeständen. Nach neun Monaten ist die Eientwicklung abgeschlossen. Die 10 cm langen Jungtiere suchen nach Kleinkrebsen und Schnecken. Erwachsene Individuen ernähren sich von Krebsen, Schnecken und Kleinfischen. Für den Menschen stellen beide Katzenhaiarten keine Gefahr dar. **Verbreitung:** Wie Kleingefleckter Katzenhai, nördlich der Biskaya seltener.

Nagelrochen

Raja clavata

Gefährdet

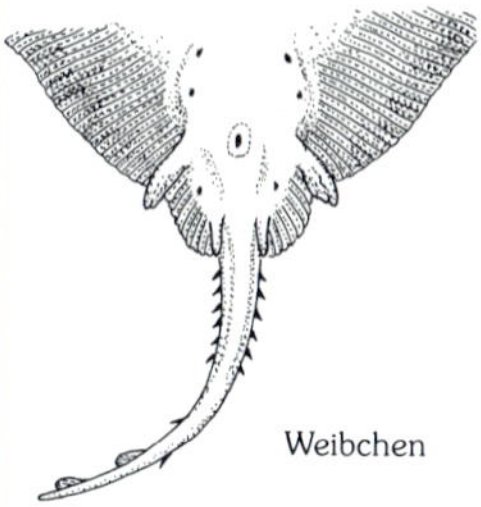

Weibchen

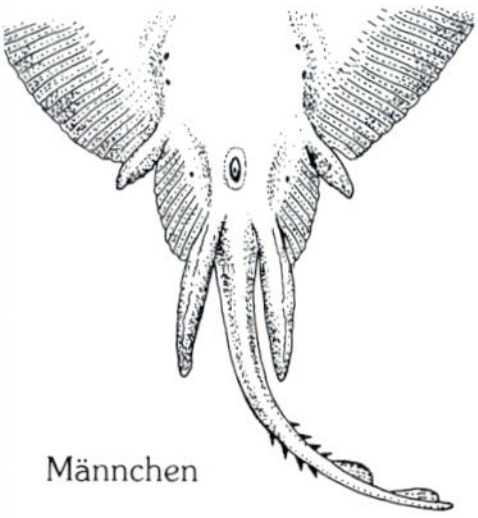

Männchen

Rajidae, Echte Rochen. **Merkmale:** Körper rautenförmig, mit langem, schlanken Schwanz. Schnauze stumpfwinklig. Auf dem Rücken Reihen und Felder großer spitzer Dornen mit glatter Basalplatte, die sehr an verbogene Nägel (Name) erinnern. Färbung braun. Länge 40–60 cm (max. 1,2 m). **Lebensraum:** Bodenfischart auf Sand- und Schlammgründen im Flachwasser der Meere. Im Frühjahr und Sommer mehr in Küstennähe. Maximal bis 100 m Tiefe. **Biologie:** In der Nordsee häufigste Rochenart. Bei der Begattung im Frühsommer halten sich die kleineren Männchen mit ihren Bauchflossendornen auf der Oberseite der Weibchen fest. Mit den griffelförmigen, inneren Bauchflossenstrahlen (s. Grafik) übertragen sie das Sperma. Pro Weibchen werden bis zu 20 Eier abgelegt. Die Embryos entwickeln sich geschützt in den 4 × 6 cm großen, mit vier Eckdornen versehenen Hornhüllen (Seemäuse). Atemwasser dringt über spaltenförmige Schlitze in die Eihülle ein. Nach 4–5 Monaten ist die Entwicklung abgeschlossen und die Jungrochen schlüpfen durch die Atemschlitze. Krabben, Garnelen, Plattfische und Sandaale bilden die Nahrung der erwachsenen Nagelrochen. Als Speisefisch in Frankreich und Holland geschätzt. **Verbreitung:** Atlantikküste von Skandinavien bis Marokko. Küstennahe Gebiete des Mittelmeeres und westliches Schwarzes Meer.

Kuckucksrochen

Raja naevus

Reproduzierende Art, Gefährdungsstatus unklar

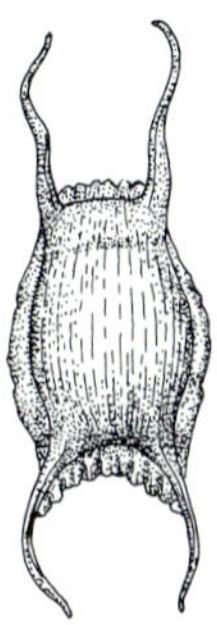

Ei

Rajidae, Echte Rochen. **Merkmale:** Körper trapezförmig. Maul stumpfwinklig. Langer Schwanz mit zwei kleinen Rückenflossen. Rücken mit Feldern von Dornen, ebenso auf Flügeln und Kopf. Basalplatte der Dornen radiär gerippt. Variable hellbraune Zeichnung mit zwei großen, dunklen Augenflecken. Länge 30–50 cm (max. 70 cm). **Lebensraum:** Bodenfischart auf Sandsedimenten im Flachwasser der Meere. Zwischen 20 und maximal 100 m Tiefe. **Biologie:** Je nach Färbung des Untergrundes können sich Kuckucksrochen durch physiologischen Farbwechsel ihrer Umgebung gut anpassen. Ihre 3,5 × 6,5 cm großen Eier sind an den zwei kurzen und zwei langen Eckfortsätzen zu erkennen. Die nach einer Brutdauer von 4–5 Monaten schlüpfenden Jungrochen besitzen noch einen Dottersack, von dem sie zehren, bis sie Nahrung aufnehmen können. Würmer, Krebse, Schnecken, Muscheln, Sandaale und Plattfische bilden die Ernährungsgrundlage. **Verbreitung:** Atlantik von Norwegen bis Marokko und Mittelmeer.

Hering
Clupea harengus

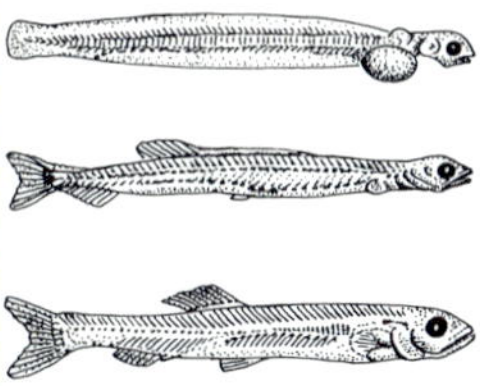

Larvenstadien

Clupeidae, Heringsfische. **Merkmale:** Körper schlank; ohne Seitenlinie. Kiemendeckel glatt, ohne radiäre Streifung. Basis der Bauchflossen hinter dem Vorderende der Rückenflosse ansetzend. Färbung silbrig. Länge 25–30 cm (max. 45 cm). **Lebensraum:** Freiwasser bis 250 m Tiefe. Besonders in den vom Golfstrom erwärmten Abschnitten des Nordatlantiks. **Biologie:** Freischwimmende Fischart, deren Schwärme einige Millionen Individuen stark sein können. Es werden Rassen getrennt, die sich in ihrem Wanderverhalten, den Laichplätzen und den Laichzeiten unterscheiden. 20000 bis 50000 Eier werden pro Weibchen in Küstennähe in 40–70 m Tiefe abgegeben. Diese sinken zu Boden, wo sie festkleben. Nach 2–4 Wochen schlüpfen die 8 mm langen Larven (s. Grafik) und schwimmen zur Oberfläche, um Zooplankton aufzunehmen. Die Nahrung der adulten Heringe besteht überwiegend aus planktischen Kleinkrebsen und Flügelschnecken, welche mit dem Kiemenreusenfilter aufgenommen werden. Heringe sind die natürliche Beute der Makrelen- und Schellfischartigen. Die wirtschaftliche Bedeutung ist sehr groß. Jährlich werden im Atlantik zwei bis drei Millionen Tonnen Heringe gefangen. **Verbreitung:** Nordatlantik von der Ostküste Nordamerikas bis zur Küste West- und Nordeuropas.

Sardine
Sardina pilchardus

Clupeidae, Heringsfische. **Merkmale:** Körper schlank; ohne Seitenlinie. Kiemendeckel radiär gestreift. Zwei parallele Schuppenreihen beidseitig auf der Schwanzflosse. Färbung silbrig. Länge zwischen 15 und 20 cm (max. 30 cm). **Lebensraum:** Freiwasser in 15–55 m (max. 150 m) Tiefe. **Biologie:** Freischwimmende Fischart, deren Schwärme einige tausend Individuen umfassen. Wärmebedürftiger als Hering. Innerhalb des Verbreitungsgebietes liegt die Laichzeit sehr unterschiedlich. Die nördliche Teilpopulation laicht in den Sommermonaten, die portugiesische am Ende des Winters und die Mittelmeerpopulation über das ganze Jahr verteilt. Pro Weibchen werden 50000–60000 schwimmende Eier abgegeben, die sich innerhalb von zwei bis vier Tagen entwickeln. Die Jungtiere ernähren sich wie die Erwachsenen ausschließlich von Plankton. Wichtiger Wirtschaftsfisch, der besonders im Mittelmeer intensiv genutzt wird. Durch Fang ausgeprägte Populationsschwankungen. **Verbreitung:** Nordostatlantik von Irland, Großbritannien bis Marokko. Mittelmeer und Schwarzes Meer. Nur in der südlichen Nordsee.

Hornhecht
Belone belone

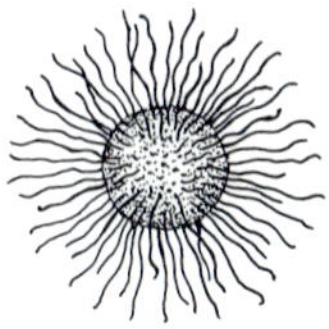

Ei

Belonidae, Hornhechte. **Merkmale:** Körperform auffallend langgestreckt; vorne und hinten zugespitzt. Kopf mit sehr großem Auge; Maul schnabelartig verlängert, mit zahlreichen spitzen Zähnen. After- und Rückenflosse weit zurückversetzt. Färbung silbergrau bis blau. Länge zwischen 40 und 50 cm (max. 90 cm). **Lebensraum:** Freiwasser, meist nahe der Wasseroberfläche. Jungtiere und Adulte im Frühjahr bis Sommer in Küstennähe. **Biologie:** Schwarmfisch, der von März bis April (vor der Laichzeit) Wanderungen zur Küste unternimmt. In den küstennahen Gewässern legen die Weibchen von Mai bis Juni je 1000–35000 etwa 3–3,5 mm große Eier ab (s. Grafik). Diese kleben mit 60–80 Haftfäden an Wasserpflanzen (Tange) und auf Steinen fest. Nach fünf Wochen schlüpfen die 13 mm langen Larven, die ohne verlängerte Ober- und Unterkiefer und die planktonische Ernährungsweise noch nicht an die Erwachsenen erinnern. Adulte Hornhechte sind optisch orientierte Räuber, welche Kleinfische wie Heringe, Sprotten und Sandaale fressen. Wirtschaftlich von untergeordneter Bedeutung. Als Speisefisch wegen der grüngefärbten Gräten unbeliebt. **Verbreitung:** Nordostatlantik von Island bis Marokko. Nord- und Ostsee, Mittelmeer und Schwarzes Meer.

Meeraal
Conger conger

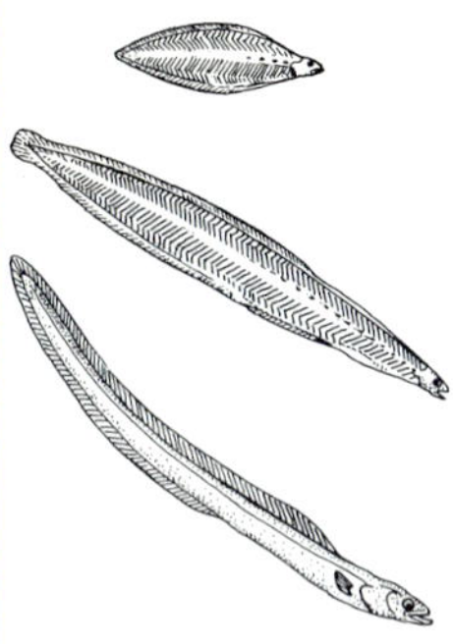

frühes (oben), spätes Larvenstadium (Mitte) und Jungfisch (unten)

Congridae, Meeraale. **Merkmale:** Körper schlangenförmig. Maul leicht unterständig, reicht bis unter die ovalen Augen. Lange Rückenflosse, die über dem Ende der nach hinten gerichteten Bauchflossen beginnt und bis zum Körperende reicht. Färbung dunkel. Männchen 1 m, Weibchen 1,5–2 m (max. 3 m) lang. **Lebensraum:** Felsenküste in 0–100 m Tiefe. **Biologie:** Eine nachtaktive Art, deren Tagverstecke Felsspalten und Schiffswracks bilden. Wenige Monate vor der Laichreife im Alter von 5–15 Jahren wird von den Laichfischen keine Nahrung mehr aufgenommen. Das Magen-Darmsystem und andere Organe degenerieren zugunsten der sich stark entwickelnden Geschlechtsorgane. Das Laichgebiet reicht in einem breiten Band von der Sargassosee bis in das Mittelmeer. Nach dem Laichakt verenden die Tiere. Die Aallarven (s. Grafik) leben ein bis zwei Jahre freischwimmend in 100–200 m Tiefe und ernähren sich von Plankton. Heringe, Dorsche, Langusten und Tintenfische bilden die Nahrung der sich räuberisch ernährenden Meeraale. **Verbreitung:** Nordatlantik von der Nordsee bis Marokko und Mittelmeer.

Große Schlangennadel

Entelurus aequoreus

Potentiell gefährdet

Syngnathidae, Seenadeln. **Merkmale:** Körper stabförmig, drehrund, extrem langgestreckt, mit Hautpanzer aus Knochenschildern. Ohne Brustflossen und Schwanzflosse. Afteröffnung unter dem Hinterende der Rückenflosse. Grundfärbung goldbraun, mit dunkelgesäumten, silberblauen Ringen. Länge 30–50 cm (max. 70 cm). **Lebensraum:** Küstennahe Seegraswiesen und Algenflächen in 5–40 m Tiefe. Während des Sommers leben einzelne Exemplare auch zwischen treibendem Tang im Freiwasser. **Biologie:** In der Laichzeit von Juni bis Juli entwickeln sich pro Weibchen 400 bis 1000, 1,2 mm große Eier. Bei dem komplizierten Paarungsverhalten umschlingen sich die Schlangennadeln und übertragen dabei in S-förmiger Stellung die Eier vom Weibchen auf das Männchen (s. Grafik). Dieses heftet die Eier auf der Bauchunterseite an einer Zone unterhalb der Körpermitte fest. Beim Schlupf besitzen die 12 mm langen Jungtiere noch Brustflossen, welche erst im Laufe der Entwicklung zurückgebildet werden. Schlangennadeln ernähren sich räuberisch. Sie lauern Kleinkrebsen und Fischbrut auf, die mit dem pipettenförmigen Maul eingesaugt werden. **Verbreitung:** Norwegen bis Portugal, fehlt im Mittelmeer.

Große Seenadel

Syngnathus acus

Gefährdet

Kopulation

Syngnathidae, Seenadeln. **Merkmale:** Körper stabförmig, drehrund, extrem langgestreckt, mit Hautpanzer aus Knochenschildern. Schnauze pipettenförmig, weniger als halb so hoch wie der Kopf. 18–19 Hautschilder zwischen Kopf und Rückenflosse. Färbung grünbraun. Länge 20–30 cm (max. 46 cm). **Lebensraum:** Küstennahe Seegraswiesen und Algenflächen in 3–30 m Tiefe. **Biologie:** Im Frühjahr oder Sommer entwickeln sich pro Weibchen 200–400, 2,4 mm große Eier. Wie die Schlangennadeln umschlingen sich auch die Seenadeln bei der Paarung und übertragen dabei die Eier vom Weibchen auf das Männchen. Dieses nimmt sie in eine aus zwei Hautfalten gebildeten Bruttasche auf der Bauchseite auf. Da pro Umschlingung nur eine begrenzte Eizahl in die Tasche des Männchens transferiert werden kann, wird das Paarungsspiel mehrmals, oft mit unterschiedlichen Männchen wiederholt. Seenadeln können ihre Augen wie ein Chamäleon unabhängig voneinander bewegen. Als Räuber lauern sie zwischen Algenbeständen Kleinkrebsen und Fischbrut auf, die sie durch einen starken Wassersoog mit dem pipettenförmigen Maul einsaugen. **Verbreitung:** Atlantikküste bis Nordportugal, Nordsee und Britische Inseln.

Lang-schnauziges Seepferdchen

Hippocampus ramulosus

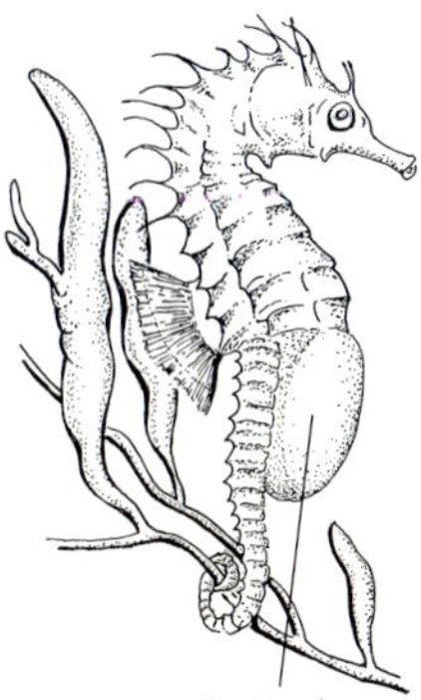

Syngnathidae, Seenadeln. **Merkmale:** Körper gedrungen, aufrecht im Wasser stehend; mit 48–50 Ringen knöcherner Hautschilder bedeckt. Pferdeartiger Kopf, der im rechten Winkel von der Körperlängsachse horizontal abknickt. Schnauze pipettenförmig verlängert; mit kleiner Mundspalte. Greifschwanz aufrollbar. Brust- und Afterflosse klein, Schwanzflosse fehlt, Rückenflosse stark entwickelt. Färbung extrem variabel. Länge bis 12 cm. **Lebensraum:** Küstennahe Seegraswiesen und Algenflächen in 5–70 m Tiefe. Selten auch im Brackwasser. **Biologie:** Zwischen Wasserpflanzen sind Seepferdchen, wie die biologisch nah verwandten Seenadeln, optimal getarnt. Von Mai bis Juli kommt es zu Paarungen nach einem komplizierten, mehrere Tage dauernden Balzverhalten. Die Partner umschwimmen sich, wobei das Männchen dem Weibchen seine an der Unterseite des Schwanzes gelegene Bruttasche (s. Grafik) zeigt. Diese schwillt an und wird beim »Balzpumpen« zeitgleich zu ruckartigen Vorwärtsbewegungen wiederholt ausgepumpt. Im Gegensatz zu den Grasnadeln ist die Bruttasche beim Seepferdchen bis auf eine Öffnung in Höhe der Rückenflosse vollständig geschlossen. Nach dem »Balzpumpen« steigen die Partner in der Dämmerung zur Wasseroberfläche auf. Während dieses Aufstiegs führt das Weibchen hüpfende Bewegungen aus. An der Wasseroberfläche stehen sie Rücken an Rücken und klammern sich mit ihren Schwänzen in dieser Position fest. Sie sinken zusammen ab, um nach gleichem Ritual abermals wieder aufzusteigen. Die Befruchtung der Eier findet kurz unterhalb der Wasseroberfläche statt. Unmittelbar danach überträgt das Weibchen mit einer kurzen Genitalpapille die Eier in die Bruttasche des Männchens, die sich hier innerhalb von 4–5 Wochen entwickeln. Blutgefäßreiche Schleimhäute versorgen die Embryonen mit Nährstoffen und Sauerstoff. Die schlupfreifen Jungfische werden nach der Entwicklung aus der Bruttasche herausgepreßt. Seepferdchen ernähren sich von Kleinkrebsen und Fischbrut. Die wirtschaftliche Bedeutung beschränkt sich auf den Verkauf getrockneter Seepferdchen als Andenken an der Nord- und Ostseeküste. Die dort gehandelten Tiere stammen aus dem Mittelmeer. Im Mittelalter galten gekochte Seepferdchen als Aphrodisiakum und Mittel gegen Haarausfall. **Verbreitung:** Mittel- und Schwarzes Meer sowie an der Atlantikküste von Irland bis Westafrika. In der südlichen Nordsee nur ein Fund aus der Helgoländer Bucht.

Dorsch, Kabeljau

Gadus morhua

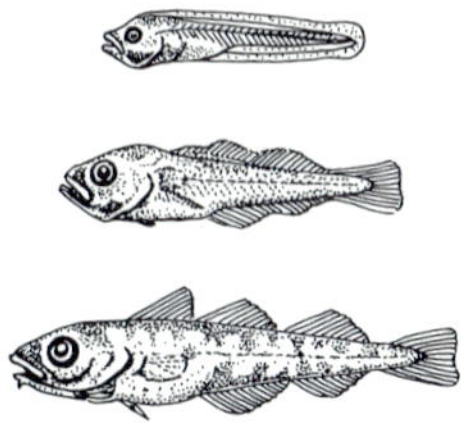

frühes (oben), spätes Larvenstadium (Mitte) und Jungfisch (unten)

Gadidae, Dorschfische. **Merkmale:** Körper langgestreckt. Maul unterständig mit langem Bartfaden. Seitenlinie hell, sonst bräunlich gefärbt. Drei Rücken- und zwei Afterflossen. Länge 40–80 cm (max. 2 m). **Lebensraum:** Wanderformen, welche zwischen der Küste und dem offenen Meer Nahrungs- und Laichwanderungen durchführen sowie stationäre Küsten- und Fjordformen. Vorzugsweise in 2–10 °C kaltem Wasser in bis zu 600 m Tiefe. **Biologie:** Weibchen laichen im Frühjahr bei 4–6 °C 500 000–5 000 000, 1,5 mm große Eier ab. Diese steigen an die Oberfläche und entwickeln sich in 2–4 Wochen. Die pelagischen Jungfische (s. Grafik) sind Planktonfresser, welche nach 4–5 Monaten als Allesfresser zur Bodenlebensweise übergehen. Alte Dorsche ernähren sich räuberisch. Geschlechtsreife Dorsche nennt man Kabeljau. Wirtschaftlich sehr bedeutend. **Verbreitung:** Nordatlantik.

Schellfisch

Melanogrammus aeglefinus

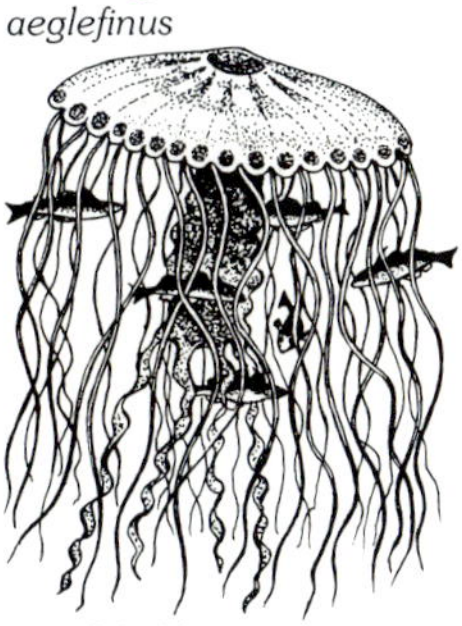

Schellfischbrut im Schutz der Quallententakel

Gadidae, Dorschfische. **Merkmale:** Ähnlich Dorsch, aber mit dunklem Fleck oberhalb der Brustflossen und dunkler Seitenlinie. Länge 30–60 cm (max. 1 m). **Lebensraum:** Boden des Küsten- und Schelfbereichs von 10–100 m Tiefe, bei 4–10 °C Wassertemperatur. **Biologie:** Schellfische laichen von März bis Juni an Stellen mit erhöhtem Salzgehalt in 60–200 m Tiefe. Pro Weibchen werden 100 000 bis 1 000 000 Eier abgelegt. Diese steigen zur Oberfläche und werden durch Strömungen verdriftet. Die Larven halten sich oft in Gruppen unter Nesselquallen auf (s. Grafik). Hier finden sie Schutz und fressen deren Eier. Bei einer Größe von 7–15 cm gehen sie zum Bodenleben über. Nahrung sind Schlangensterne, Krebstiere, Muscheln, Jungfische und Fischlaich. Wichtiger Wirtschaftsfisch der Nordsee. **Verbreitung:** Nordatlantik.

Wittling

Merlangius merlangus

Gadidae, Dorschfische. **Merkmale:** Ähnlich Dorsch, aber ohne Bartfaden und mit dunklem Fleck an der Wurzel der Brustflossen. Länge 25–50 cm (max. 70 cm). **Lebensraum:** Küstengebiete über Schlamm- und Sandgrund von den Seegraswiesen bis in 200 m Tiefe. **Biologie:** Laichen bei Temperaturen zwischen 5 und 10 °C in 30–100 m Tiefe ab. Deshalb beginnt die Laichzeit in der Biskaya im Januar und um Island im Juni. Nach dem Schlupf ernähren sich die Larven von Plankton. Schmackhafte Art, die in der (Sport-)Fischerei eine wichtige Rolle spielt. **Verbreitung:** Nordostatlantik, Nordsee und westliches Mittelmeer.

Köhler, Seelachs

Pollachius virens

Gadidae, Dorschfische. **Merkmale:** Körper langgestreckt, stromlinienförmig. Maul oberständig, mit sehr kurzem oder ohne Bartfaden. Seitenlinie hell, fast gerade. Drei Rückenflossen, die dicht hintereinander stehen. Afteröffnung unter dem Hinterende der ersten Rückenflosse. Färbung silbrig, oben grünblau. Länge 50–70 cm (max. 1,3 m). **Lebensraum:** Freiwasser, sowohl an der Oberfläche wie auch in größeren Tiefen bis zu 300 m. **Biologie:** Zur Laichzeit im Frühjahr werden in 100–200 m Tiefe bei 6–8 °C Wassertemperatur in Bereichen hohen Salzgehaltes die Eier abgegeben. Wie bei den meisten Dorschfischen sind die Eier und Larven des Köhlers planktisch, das heißt sie treiben frei im Wasser und können durch Meeresströmungen verdriftet werden. Die Larven ernähren sich von Planktonorganismen. Die räuberischen adulten Köhler folgen in Gruppen den großen Herings- und Sprottenschwärmen. Aus wirtschaftlicher Sicht sind die Köhler von hervorragender Bedeutung. Ihr Fleisch wird unter der Bezeichnung Seelachs vermarktet. **Verbreitung:** Nordatlantik von Grönland, Norwegen bis Biskaya.

Großes Petermännchen

Trachinus draco

Vom Aussterben bedroht

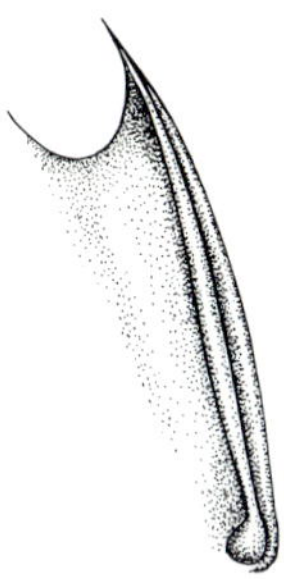

Giftstachel

Trachinidae, Petermännchen. **Merkmale:** Körper langgestreckt, seitlich abgeflacht. Kopf groß, mit weiter, oberständiger Mundspalte, die bis unter die Augen reicht. Kiemendeckel und erste Rückenflosse mit Giftstacheln (s. Grafik). Weit oben angesetzte Augen. Färbung sandbraun bis grünlich. Länge 20–30 cm (max. 45 cm). **Lebensraum:** In Küstennähe über Sandgrund. Während des Sommers bevorzugt in 5–15 m Wassertiefe, im Winter tiefer (bis 150 m). **Biologie:** Am Tage sind Petermännchen bis zu den Augen im Sand eingegraben. Bei Beunruhigung stellen sie die Giftstacheln der ersten Rückenflosse auf. Stiche dieser Stacheln sind schmerzhaft und können langanhaltende Schwellungen und Entzündungen hervorrufen. Das Gift wirkt auf die Blutkörperchen und Nerven. Aufgrund der bevorzugten Tiefenstufe sind Badende kaum gefährdet. Von Juni bis August werden die etwa 1 mm großen Eier ins freie Wasser abgegeben. Die Nahrung besteht aus Garnelen und bodenlebenden Kleinfischen, die aus der Lauerposition überwältigt werden. Trotz des guten Geschmacks sind Petermännchen nur in Südeuropa von fischereilicher Bedeutung. Vor der Vermarktung werden die Giftstacheln entfernt. **Verbreitung:** Nordostatlantik, westliche Ostsee und Mittelmeer.

Makrele

Scomber scombrus

Scombridae, Makrelenfische. **Merkmale:** Körper langgestreckt, torpedoförmig. Kopf mit großen Augen und tiefer Maulspalte. Zwei weit auseinanderliegende Rükkenflossen. Hinter der zweiten Rückenflosse auf dem sich verjüngenden Schwanzstiel 4–9 kleine »Flösselchen«. Schwanzflosse tief gegabelt. Färbung grünblau mit dunklen Bändern. Länge 30–40 cm (max. 50 cm). **Lebensraum:** Makrelen leben im Bereich des Freiwassers, besonders im Bereich an der Wasseroberfläche. Überwinterung in tiefen Wasserschichten. **Biologie:** Schwarmfisch, der zwischen Juni und Juli nahe der erwärmten Wasseroberfläche laicht. Pro Weibchen werden 200 000–500 000, 1 mm große Eier abgegeben, die erst wenig unterhalb der Oberfläche schwimmen und später in mittlere Tiefen absinken. Nach 6 Tagen schlüpfen die sich von Planktonorganismen ernährenden, 4 mm langen Larven. Vor der Laichzeit ernähren sich die erwachsenen Makrelen von Plankton. Anschließend jagen sie in Gruppen jungen Dorschartigen, Heringen und Sandaalen nach. Im Winter wird keine Nahrung aufgenommen. Frisch, geräuchert und als Konserve sind Makrelen von großer wirtschaftlicher Bedeutung. **Verbreitung:** Nordatlantik, Nord- und Ostsee sowie Mittel- und Schwarzes Meer.

Strandgrundel

Pomatoschistus microps

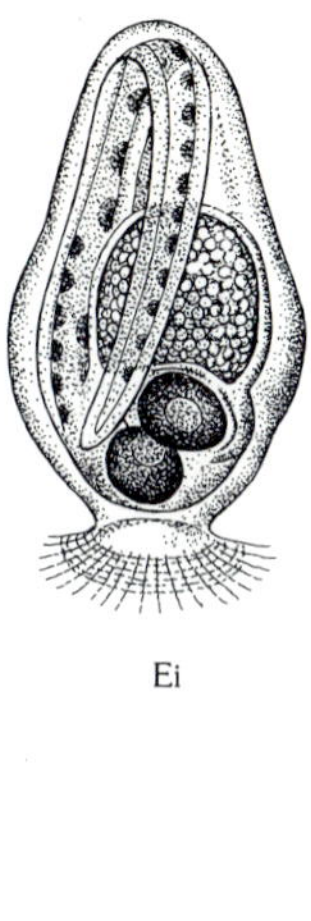

Ei

Gobiidae, Grundeln. **Merkmale:** Körper keulenförmig (daher oft Strandküling genannt). Zwei Rückenflossen. Bauchflossen zu einer fächerförmigen Saugscheibe verwachsen. Färbung bräunlich. Länge beim Männchen höchstens 6,5 cm; Weibchen kleiner. **Lebensraum:** Flachwasser, im Wattenmeer (Priele) und am Strand sehr häufig. Dringt von den Salzwasserfischen am weitesten in die Flußmündungen ein. **Biologie:** Kleinste, in kleinen Schwärmen lebende, unauffällige einheimische Grundel. Die Männchen verteidigen im Frühsommer ein Brutrevier, in dessen Zentrum sich die leere Schale einer Sandklaffmuschel befindet. Das Weibchen haftet 100–400 birnenförmige, 1 mm große Eier (s. Grafik) an die Innenseite der Muschel. Während der Eientwicklung wird das Gelege vom Männchen bewacht und geschützt. Beim Schlupf haben die Larven eine Größe von 3 mm. Bis zu einer Länge von 12 mm leben sie pelagisch und ernähren sich von Plankton. Im Herbst gehen sie zur bodenorientierten Lebensweise der Erwachsenen über. Hier besteht das Nahrungsspektrum aus Würmern, Kleinkrebsen und Jungfischen. **Verbreitung:** Atlantik, Ostsee, Mittelmeer.

Gestreifter Seewolf
Anarhichas lupus

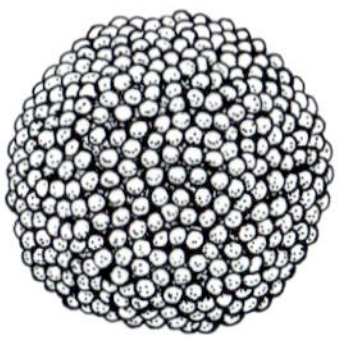

Eiballen

Anarhichadidae, Seewölfe. **Merkmale:** Körper langgestreckt, vorne beinahe drehrund. Kopf plump, dicker als Körper. Großes Maul mit kräftigen, nach hinten gebogenen Fangzähnen und abgeflachten, weiter hinten liegenden Mahlzähnen. Rücken- und Afterflosse lang. Länge 50–70 cm (max. 1,5 m). **Lebensraum:** meist in Tiefen zwischen 20 und 300 m (max. 435 m) auf felsigem und sandigem Grund, bei Temperaturen von –1 °C bis 14 °C. **Biologie:** Seewölfe legen in der Laichzeit von Oktober bis Januar pro Weibchen 3000–24 000 Eier in kugelförmigen Klumpen (s. Grafik) zwischen Tang und Geröll ab. In 40–200 m Tiefe benötigen die 5–6 mm großen Eier zwei Monate zu ihrer Entwicklung. Die 18 mm langen Larven sind pelagisch und ernähren sich von Plankton. Adulte Seewölfe zermahlen mit ihrem vor jeder Laichzeit erneuerten Gebiß große hartschalige Tiere wie Taschenkrebse, Muscheln, Schnecken und Seeigel. In der Nordsee sind Seewölfe begehrte Wirtschaftsfische. Ihr wohlschmekkendes Fleisch kommt enthäutet und ohne Kopf als Steinbeißer oder Karbonadenfisch in den Handel. Beim Fang werden Seewölfe von den Fischern mit großer Vorsicht behandelt, da schmerzhafte Bißverletzungen nicht selten sind. **Verbreitung:** Nordatlantik von Norwegen bis Südfrankreich.

Aalmutter
Zoarces viviparus

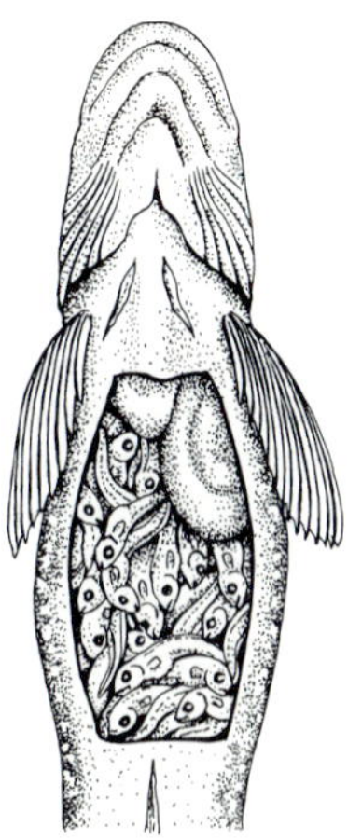

geöffnete Bauchseite

Zoarcidae, Aalmuttern. **Merkmale:** Körperbau ähnlich Seewolf. Kopf kleiner, Maul unterständig. Rücken-, Schwanz- und Afterflosse bilden einen gemeinsamen Flossensaum, Bauchflossen klein und kehlständig. Färbung dunkel. Länge 20–30 cm (max. 50 cm). **Lebensraum:** Bodenlebender Standfisch der Seegrasregion. Bevorzugt küstennahe 4–10 m tiefe Abschnitte, auch in Flußmündungen. Im Winter in größeren Tiefen bis 40 m. **Biologie:** Nach der Paarung, zwischen August und September, mit innerer Befruchtung entwickeln sich dotterarme Eier innerhalb von vier Monaten in den lebendgebärenden Weibchen (s. Grafik). Pro Weibchen kommen 30–400 aalförmige Jungtiere (Name!) zur Welt. Bei der Geburt sind sie 3,5–5,5 cm lang und ernähren sich, wie die Erwachsenen, von Kleinkrebsen, Würmern, Schnecken und Jungfischen. Die Aalmutter wird in Reusen oder Waden gefangen. Ihr wohlschmekkendes Fleisch ist nicht sehr begehrt, da die Knochen durch den biologischen Farbstoff Vivianit grün gefärbt sind. **Verbreitung:** Nordostatlantik, Skandinavien bis Ärmelkanal. Ostsee.

Großer Rotbarsch

Sebastes marinus

Scorpaenidae, Drachenköpfe. **Merkmale:** Körper hochrückig, ähnlich Flußbarsch. Schuppen groß; Kopf mit großen Augen. 80–90 Seitenlinienschuppen; 16–21 Schuppen zwischen dem Hinterende der Afterflosse und der Seitenlinie (schräg nach vorne gezählt). Färbung rötlich. Länge 30–50 cm (max. 1 m). **Lebensraum:** In Küstennähe, nahe dem Boden in 100–400 m Tiefe. **Biologie:** Freischwimmende Art. Eine Form, der Schnabelbarsch, in 300–600 m Tiefe. Die Biologie des Rotbarsches ist ungenügend erforscht, da sie den Druckabfall beim Fang mit dem Grundnetz aus großer Tiefe selten überleben. Von Oktober bis November paaren sich die Rotbarsche in großen Schwärmen in der nördlichen Barentssee. Anschließend wandern die Weibchen zu den Lofoten, Island oder Neufundland. Hier bringt jedes Weibchen von April bis Juli je 37 000–350 000 lebende Junge zur Welt. Die 5–7 mm langen Jungfische sind pelagisch und ernähren sich nahe der Oberfläche von Plankton. Bei einer Größe vom 6 cm gehen sie in eine bodennahe Lebensweise über. Adulte Rotbarsche leben räuberisch von Heringen und Lodden. Für die Fischerei sind sie von sehr großer Bedeutung. **Verbreitung:** Nordatlantik; in Europa von Spitzbergen bis Dänemark.

Seehase

Cyclopterus lumpus

Potentiell gefährdet

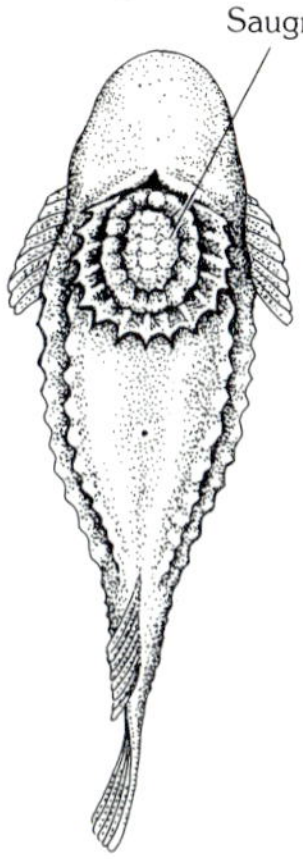

Bauchseite

Cyclopteridae, Scheibenbäuche. **Merkmale:** Körper plump, scheibenförmig, seitlich zusammengepreßt. Haut schuppenlos mit Dornreihen. Bauchflossen zu einer Saugscheibe verwachsen (s. Grafik). Männchen zur Laichzeit rötlich gefärbt. Länge 25–40 cm (max. 60 cm). **Lebensraum:** Küstennahe Bestände des Blasentangs auf steinigem Grund. Bevorzugt werden Bereiche von 20–200 m Tiefe. **Biologie:** Seehasen laichen zwischen Februar und Mai in flachem Wasser ab. Pro Weibchen wird ein bis zu 200 000 Eier zählender Laichballen zwischen Wasserpflanzen oder Geröll abgelegt. Das Männchen bewacht und verteidigt den Laich gegen Laichräuber. Die 7 mm langen, kaulquappenförmigen Larven heften sich mit ihrer Saugflosse am Tang fest. Kleinkrebse, Rippenquallen und Grundeln bilden die Nahrung der erwachsenen Fische. Wirtschaftlich von geringerer Bedeutung. Die Eier werden nach Behandlung mit Salzlake, Geschmacks- und Farbstoffen als Kaviarersatz (Deutscher Kaviar) vermarktet. **Verbreitung:** Nordatlantik von Grönland, Island bis Biskaya sowie in der Nord- und Ostsee.

Scholle

Pleuronectes platessa

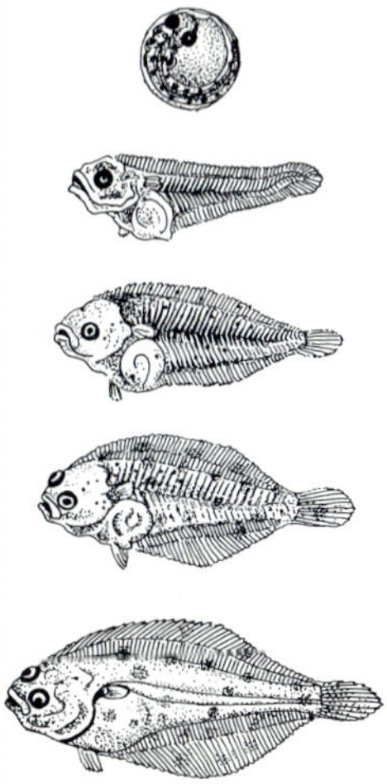

Ei und Larvenstadien

Pleuronectidae, Schollen. **Merkmale:** Körper seitlich zusammengedrückt, oval, mit der linken Seite flach dem Sediment aufliegend. Spitze Schnauze. Maulspalte reicht bis zum vorderen Augendrittel. Augen auf der rechten Körperseite. Rückenflosse über dem Auge beginnend. Färbung je nach Untergrund variabel; mit rötlichen Punkten. Länge 25–40 cm (max. 95 cm). **Lebensraum:** In 10–50 m Tiefe mit sandigen, tonigen Sedimenten. Maximal 400 m. **Biologie:** Verschiedene Rassen, die zu unterschiedlichen Zeitpunkten von November bis Juni bei Temperaturen von 6 °C ablaichen. Der Salzgehalt des Wassers im Laichgebiet muß wenigstens 1 bis 1,2% betragen. Liegt er darunter, so sinken die spezifisch schwereren Eier zu Boden und werden durch Laichräuber bedroht. Pro Weibchen werden 50 000 bis 520 000 Eier in 20–40 m Tiefe abgelegt. Aus den 1,6 mm großen Eiern schlüpfen nach 10–20 Tagen pelagisch lebende Larven. Sie sind symmetrisch gebaut und ernähren sich von Plankton. Ab einer Größe von 10 mm wandert das linke Auge auf die rechte Körperseite (s. Grafik), und die Larve beginnt mit der linken Seite nach unten zu schwimmen. Ein bis zwei Monate nach dem Schlupf bei einer Länge von 13 mm gehen die Jungfische zum Bodenleben über. Borstenwürmer und dünnschalige Muscheln bilden die Nahrungsgrundlage der Erwachsenen. Wichtiger Nutzfisch der Nordsee. **Verbreitung:** Nordostatlantik, Skandinavien bis Gibraltar, Westliches Mittelmeer.

Flunder

Platichthys flesus

Pleuronectidae, Schollen. **Merkmale:** Ähnlich Scholle. Körperoberfläche entlang der Seitenlinie mit Hautwarzen. Augen meist auf der rechten Seite; bis 30% »Linksflundern«. Färbung je nach Untergrund variabel. Länge 20–30 cm (max. 50 cm). **Lebensraum:** In 1 bis 25 m Tiefe. **Biologie:** Bodenlebende, nachtaktive Art. Steigt im Sommer ins Brackwasser und in die Ströme (Rhein bis Karlsruhe) auf. Sechs Unterarten, die zu unterschiedlichen Zeitpunkten von Januar bis Juni laichen. Pro Weibchen werden 400 000–2 000 000 pelagische Eier abgelegt. Aus den Eiern schlüpfen nach 5–10 Tagen 3 mm lange, symmetrisch gebaute, pelagisch lebende Larven. Borstenwürmer, Kleinkrebse, Insektenlarven und dünnschalige Muscheln bilden die Nahrungsgrundlage der erwachsenen Flundern. Wichtiger Nutzfisch. **Verbreitung:** Nordostatlantik, Skandinavien bis Nordmarokko. Nord- und Ostsee, Mittel- und Schwarzes Meer.

Steinbutt
Psetta maxima

Scophthalmidae, Butte. **Merkmale:** Körper seitlich zusammengedrückt, fast kreisrund, mit der rechten Seite flach dem Sediment aufliegend. Spitze Schnauze. Rükkenflosse vor dem oberen Auge beginnend. Färbung variabel, immer dunkel. Länge 25–50 cm (max. 1 m). **Lebensraum:** Küstennahe Flachwasserbereiche von 20–70 m Tiefe mit Sand-, Stein-, Muschelschill- oder Geröllgrund. **Biologie:** Laichzeit von April bis August. Pro Weibchen werden 10000000 bis 15000000 Eier in 10–40 m Tiefe abgelegt. Die freischwebenden Eier besitzen einen Öltropfen, der das spezifische Gewicht erniedrigt. Nach 10–20 Tagen schlüpfen die pelagischen Larven. Sie sind symmetrisch gebaut und ernähren sich von Plankton. Ab einer Größe von 10 mm wandert das rechte Auge auf die linke Körperseite und die Larve wird asymmetrisch. Bei einer Länge von 25 mm gehen die Jungfische zum Bodenleben über. Erwachsene Steinbutte ernähren sich überwiegend räuberisch von bodenlebenden Sandaalen und Grundeln. Aufgrund des hohen Befischungsdrucks und der erst im fünften Lebensjahr eintretenden Geschlechtsreife mußte eine Überfischung durch die Einführung von Mindestmaßen verhindert werden. **Verbreitung:** Nordostatlantik vom Polarkreis bis Marokko. Nord- und Ostsee sowie Mittel- und Schwarzes Meer.

Seezunge
Solea solea

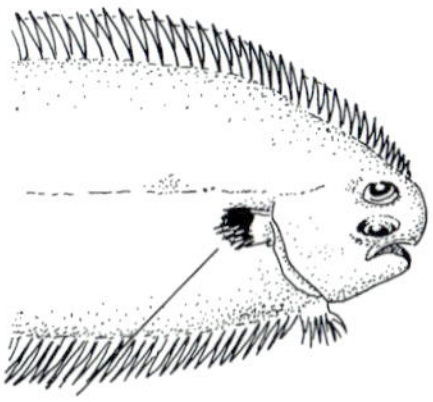

Brustflosse mit dunklem Fleck

Soleidae, Seezungen. **Merkmale:** Körper seitlich zusammengedrückt, zungenförmig, mit der linken Seite dem Sediment aufliegend (rechtsäugig). Stumpfe Schnauze. Maulspalte gebogen, reicht zur vorderen Augenhälfte. Augen auf der rechten Körperseite. Rückenflosse zwischen Schnauzenspitze und Auge beginnend. Brustflosse mit dunklem Fleck (s. Grafik). Färbung variabel, oft dunkelgrau. Länge 30–40 cm (max. 60 cm). **Lebensraum:** In 10–60 m Tiefe über Schlamm- und Sandgrund. Im Sommer oft im Brackwasser und in den Flußmündungen. **Biologie:** Laichzeit je nach Region zwischen Februar (Mittelmeer) und Juli (Nordsee) bei Temperaturen von 6–12 °C. Pro Weibchen werden 100000–150000 Eier in flachen Küstengewässern abgelegt. Bei einer Länge von 13 mm gehen die pelagisch lebenden Larven zum Bodenleben über. Borstenwürmer, Muscheln und kleine Fische bilden die Nahrung der Erwachsenen. Wichtiger Speisefisch, dessen Schonmaß nach der Nordseekonvention bei 24 cm liegt. **Verbreitung:** Nordostatlantik von Norwegen bis zum Senegal. Nord- und Ostsee sowie Mittelmeer.

Roter Knurrhahn
Trigla lucerna

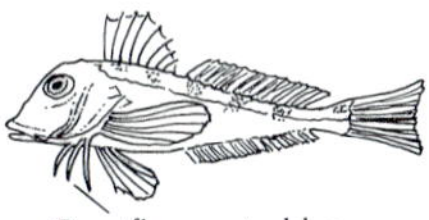

Brustflossenstrahlen

Triglidae, Knurrhähne. **Merkmale:** Körper langgestreckt, nach hinten verjüngend. Kopf groß, mit Hautknochen gepanzert. Maul unterständig. Zwei Rückenflossen, erste hartstrahlig. Brustflossen kehlständig, innere drei Strahlen fingerähnlich, getrennt (s. Grafik); oberer Abschnitt der Brustflosse flügelartig vergrößert. Färbung rötlich. Länge 25–50 cm (max. 75 cm). **Lebensraum:** Bevorzugen Wassertiefen von 5–300 m in küstennahen Gebieten mit schlammigem, sandigem oder gerölligem Grund. Im Herbst Wanderungen in tiefere Wasserschichten. Jungtiere auch im Brackwasser der Flußmündungen. **Biologie:** Knurrhähne haben ihren Namen von dumpfen, knurrenden Lauten, welche sie über Muskelschwingungen mit der Schwimmblase erzeugen können. Die fingerförmigen Brustflossenstrahlen fungieren als Tast- und Schreitorgane. Im Winter werden pro Weibchen mehrere tausend pelagische Eier abgegeben. Auch die Larven leben zuerst im Freiwasser und ernähren sich von Plankton, bevor sie zur räuberischen Ernährungsweise der Erwachsenen übergehen. Kleinfische wie Sardinen, Sprotten und Ährenfische sowie Jungfische werden von den überraschend gewandten Schwimmern bevorzugt. Als Speisefisch sehr geschätzt. **Verbreitung:** Ostatlantik, Mittelmeer.

Grauer Knurrhahn
Eutrigla gurnardus

Triglidae, Knurrhähne. **Merkmale:** Körper wie Roter Knurrhahn. Brustflossen reichen nicht über den Beginn der Afterflosse hinaus. Färbung graubraun. Länge 25–40 cm (max. 50 cm). **Lebensraum:** Bevorzugen Wassertiefen von 10–150 m in küstennahen Gebieten mit schlammigem, sandigem Grund. Während des Winters in tieferen, küstenferneren Abschnitten. Jungtiere auch im Brackwasser der Flußmündungen. **Biologie:** Ausgezeichnete Schwimmer, welche große Wanderungen durchführen. In der Laichzeit von April bis August legen die Weibchen 200 000–300 000 Eier ab. Nach 5 Tagen schlüpfen aus den frei schwimmenden Eiern pelagisch lebende Junge. Ab einer Größe von 3 cm gehen sie zur bodenorientierten Lebensweise der Erwachsenen über. Bei der Nahrungssuche am Boden werden die fingerförmigen inneren Bauchflossenstrahlen als Tast- und Sinnesorgane verwendet. Im Gegensatz zum Roten Knurrhahn besteht die Nahrung der grauen Art überwiegend aus Krebstieren, Schnecken und Muscheln. In einigen Ländern fischereilich wichtig. **Verbreitung:** Nordostatlantik von Island bis zur Straße von Gibraltar; Mittel- und Schwarzes Meer.

Seeteufel

Lophius piscatorius

Reproduzierende Art, Gefährdungsstatus unklar

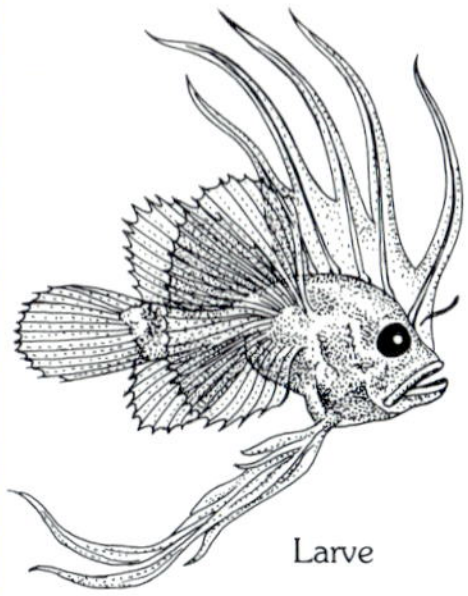

Larve

Lophiidae, Seeteufel. **Merkmale:** Körper abgeflacht. Breite des Kopfes und des Maules entspricht zwei Dritteln der Gesamtlänge. Maul mit mehreren Reihen spitzer, nach hinten gerichteter Zähne. Erster Strahl der Rückenflosse zu einer auffälligen, an der Spitze fleischig verstärkten »Lockangel« umgestaltet. Färbung dunkel. Länge 40–60 cm (max. 2 m). **Lebensraum:** In 20–600 m Tiefe auf Schlamm-, Sand- und Muschelschillgründen. **Biologie:** Zur Laichzeit von April bis Juli werden in 400–4000 m Tiefe die Eier in einem bis 10 m langen, 30 cm breiten und 0,5 cm dicken violettem Schleimband abgegeben. Nach Schlupf treiben die auffällig gestalteten Jungtiere (s. Grafik) im freien Wasser und ernähren sich von Plankton. Ab einer Größe von 12 cm gehen sie zur bodenorientierten Lebensweise über. Die Nahrungstiere werden durch den wurmartigen Hautlappen am ersten Rückenflossenstrahl angelockt und ruckartig überwältigt. Krebse, Fische aller Art, kleine Haie und sogar tauchende Seevögel bilden die Ernährungsgrundlage der Seeteufel. Der beliebte Speisefisch kommt oft enthäutet und ohne Kopf unter dem Namen Forellenstör in den Handel. **Verbreitung:** Atlantik von Nordnorwegen bis zum Kap der Guten Hoffnung, Nordsee und Mittelmeer.

Dicklippige Meeräsche

Chelon labrosus

Mugilidae, Meeräschen. **Merkmale:** Körper torpedoförmig, mit großen Schuppen. Dicke Oberlippe mit Reihen kleiner Papillen. Zwei getrennte Rückenflossen. Seiten silbergrau mit 3 bis 4 dunklen Längsstreifen. Länge 30–40 cm (max. 60 cm). **Lebensraum:** Flachwasserbezirke über sandigem oder schlammigem Mulmboden. Zuweilen auch im Brackwasser der Flußmündungen oder in Lagunen. **Biologie:** Meeräschen bilden in ihrem Verbreitungsgebiet große Schwärme. Die Laichzeit liegt je nach Wassertemperatur zwischen Dezember und März (Mittelmeer) oder Januar bis April (Biskaya). Detritus, Algen, Schnecken, Muscheln und Würmer werden aus dem Bodenschlamm mit dem feinen Kiemenreusenapparat herausgefiltert. Der lange Darm weist darauf hin, daß pflanzliche Nahrung aufgenommen wird. Im Mittelmeerraum hat der wohlschmeckende Fisch fischereilich eine große Bedeutung. Er wird nicht nur mit Netzen gefischt, sondern aufgrund seiner hohen Wachstumsgeschwindigkeit in Meer- und Brackwasserteichen gezüchtet. **Verbreitung:** Nordostatlantik von der südlichen Nordsee (selten) bis Nordafrika, Mittel- und Schwarzes Meer.

Register

Deutsche Namen

Wissenschaftliche Namen

So macht Angeln Spaß!

John Bailey
Das neue Praxis-Handbuch Angeln
Das große Handbuch für die Angelpraxis mit über 700 farbigen Abbildungen: der Fang von Raub- und Friedfischen, das Angeln mit Kunst- und Naturködern, umfassende Porträts der einzelnen Fischarten – mit Angelmethoden, Ausrüstung und Zubehör.

John Bailey
Angeln wie die Großen
Kompakt, präzise, spannend, mit vielen Fotos: das Basiswissen zu Ausrüstung und Technik für Grund- und Brandungsangeln, Fliegenfischen, Spinnfischen und Angeln mit Kunstködern.

Ekkehard Wiederholz
Die 150 besten Anglertricks
Aus der Trickkiste erfolgreicher Angler: bewährte Praxistipps für Geräte und Zubehör, Köder, Fangtechniken und Verhalten am Wasser.

BLV Bestimmungsbuch
Andreas Vilcinskas
Fische
Alle Arten der mitteleuropäischen Binnengewässer, der Ostsee und der Nordsee: Merkmale, Verbreitung, Biologie, Naturschutz, Fischerei; mit Farbleitsystem zur Orientierungshilfe.

BLV Bestimmungsbuch
Bent J. Muus / Preben Dahlström
Süßwasserfische
Merkmale, Lebensweise, Vorkommen, Zucht und wirtschaftliche Bedeutung der Süßwasserfische Europas.

BLV Bestimmungsbuch
Herbert W. Ludwig
Tiere in Bach, Fluß, Tümpel, See
Das umfassende Bestimmungsbuch in aktualisierter Auflage mit Gewässergüte-Karte und Angaben zur Ermittlung der Wassergüte.